同未来一起行走

預
言
家

PROPHET

The Cosmetic Gaze

Body Modification and the Construction of Beauty

美妆的凝视

如何改造身体与构建美丽

〔奥地利〕伯娜德·维根斯坦（Bernadette Wegenstein）著

张小平 译

中国工人出版社

图书在版编目（CIP）数据

美妆的凝视：如何改造身体与构建美丽 / (奥) 伯娜德·维根斯坦著；张小平译. —北京：中国工人出版社，2020.11
书名原文：
The Cosmetic Gaze–Body Modification and the Construction of Beauty
ISBN 978-7-5008-7538-3

Ⅰ. ①美… Ⅱ. ①伯… ②张… Ⅲ. ①女性–美学史–研究–世界
Ⅳ. ①B83-091

中国版本图书馆CIP数据核字（2020）第226506号

著作权合同登记号：图字01-2020-6871号

美妆的凝视：如何改造身体与构建美丽

出 版 人	王娇萍
责任编辑	左　鹏　孟　阳　刘　药
责任印制	黄　丽
出版发行	中国工人出版社
地　　址	北京市东城区鼓楼外大街45号　邮编：100120
网　　址	http://www.wp-china.com
电　　话	（010）62005043（总编室）
	（010）62005039（印制管理中心）
发行热线	（010）62005996　82029051
经　　销	各地书店
印　　刷	三河市东方印刷有限公司
开　　本	880毫米 × 1230毫米　1/32
印　　张	9.25
彩插印张	0.625
字　　数	300千字
版　　次	2021年1月第1版　2022年10月第2次印刷
定　　价	75.00元

目　录

译　序

透过“美”在世间命名的样子

叔本华（Arthur Schopenhauer）说过，人的面孔展示出的要比人的嘴巴说出的东西更多、更有趣，因为嘴巴说出的只是人的思想，而面孔展示的是思想的本质。异曲同工，如果说维根斯坦在《深入皮肤》（*Getting under the Skin*）一书中，追溯了身体话语在当代哲学和文化研究中的地位，直指20世纪的思想根源，向公众展示了精神分析、现象学和认知科学等理论是如何相互交织，进而促成了一个新的概念——“身体批评”。那么，在《美妆的凝视》（*The Cosmetic Gaze*）一书中，维根斯坦演绎了她擅长的媒介研究与身体批评的融合，将精神分析、后结构主义、女性主义、后现代主义、视觉文化和媒介研究等理论信手拈来，聚焦“人的面孔”这一德勒兹定义的“非身体器官”（虽然维根斯坦的隐喻与德勒兹所说的无器官身体有所关联，但有本质上的差异），分析面孔如何作为凝视的媒介，并与社会、历史、文化、认知、艺术、影院等发生多维联系，分析视觉实践如何与现代世界的主体构建以及文化表征的运作之间产生复杂关系，从而构建另一个新的批评概念——“美妆的凝视”(cosmetic gaze)，试图以此揭示人类文化行为中“看”与“被看”的辩证法以及这一辩证法与现代主体性身份认同之间的爱恨纠葛。

在维根斯坦看来，“美妆”(cosmetic) 一词，其语源不仅可以追溯到希腊语，“Kosmetikós”，有修饰之意；同时又派生于英语单词“cosmos”，指的是事物由此开始并被准确地赋于秩序。如此，所谓的“美妆”，便早于秩序却又与秩序相关，对此事物的自我认知便是凝视的最终对象。然而一切事物包括自我认知，就如宇宙本身，早已被先在的修饰结构化。而“凝视”(gaze) 一词，其字面意思则为“观看”，指的是一种视觉交流。显然，维根斯坦接受并袭用了拉康 (Jacques Lacan) 对“凝视”的定义，即凝视不仅是一种双向互涉的行为，是看与被看的辩证交织，也是一种统治和控制的力量，是主体向他者欲望之网的一种沉陷，实则是一种结构/解构主体的力量。拉康指出，“在我们与事物的关系中，就这一关系是由视觉方式构成且在表象形态中被排列得井井有条而言，总有某个东西在滑脱，在穿行，被传达，从一个舞台到另一个舞台，并总在一定程度上被困在其中——这就是我们所说的凝视”①。鉴于此，所谓“凝视”，不再仅仅作为主体对物或他者的看，而且也是作为欲望对象的他者对主体的注视，是主体的看与他者的注视的一种相互作用，

① Jacques Lacan, The Seminar of Jacques Lacan, Book XI: The Four Fundamental Concepts of Psychoanalysis, Ed. Jacques-Alain Miller, Trans. Alan Sheridan. London: Hogarth Press & the Institute of Psychoanalysis, 1977.

是主体在“异形”之他者凝视中的一种定位。① 维根斯坦将“美妆”和“凝视”结合之后形成的这一全新概念，不仅相信身体作为“宇宙”，是最初的神圣和完整之所，同时作为一种从不停歇的修饰，早已先在地结构化，对身体的建构也具操控的力量。维根斯坦指出，“美妆的凝视”已经引发了人的身体内在性和外在性的决裂。毕竟，美妆的凝视尽管作用于个体，却在文化的媒介中培育和演变。媒介促成身体产生自我认知，同时又将身体引向伦理和美学双重意义上的“更好的你”这一目标。可以说，维根斯坦试图说明，美妆的凝视不仅加速了自我的重生，又借助身体概念建构了其自身的媒介性。

生命、个体、情感、欲望、差异性、特殊性、主体性……身体天然地运用这些范畴反映着“美”。“美妆的凝视”这一概念的提出，直指“美”的真相及其被建构的思想本质，不仅帮助我们透过“美”在世间被命名的样子去审视“美”，更指明在消费主义盛行的资本主义秩序之下，不仅人的身体被建构、被物化、被规训、被操控，甚至被阶级化，成为社会等级或阶层区分的标准之一，而且人的“美”也成了新的被“凝视”之物，更与身体一起，成为政治意识形态内在化和合法化的新的综合体。正如伊格尔顿（Terry Eagleton）所说，“对肉体的重要性的重新发现，已经成为新进的激进思想所取得的最可宝贵的

---

① 吴琼．视觉性与视觉文化——视觉文化研究的谱系[J]．文艺研究，2006年，第1期。

成就之一”①。在维根斯坦的批评中，身体不仅成为一种话语，一种有关意识形态的话语，更是一种媒介综合体。或者我们可以说，以身体修饰或塑形展开的“美”的构建与审视，业已进入“审美无意识”的范畴。

的确，在《美妆的凝视》中，“美”可谓贯穿了全书的每一个章节，具有多义性，不仅指人的内心和灵魂的美丽，也指人的美貌以及为抵达美貌与表征的“美”所需的美妆、整容、塑形，甚至冒充（the passing）。在维根斯坦看来，人的面孔(及其联结的身体）已经成为一个复杂多义的符号，而她也的确在本书中，充分发挥了这一符号能指的复杂性，将其看作一种媒介，一种载体，并放入历史的全景审视之下，用福柯式的“知识考古学”对其层层剥离、抽丝剥茧，试图抵达“美”之“审美建构”这一话语背后令人唏嘘或者毋宁说战栗的残酷真相。

在揭开“美”的真相的过程中，维根斯坦还以当下全球盛行的医美，甚至以美国本土流行的网络游戏、电视整容真人秀节目等为例，指出在资本主义的晚期逻辑里，整个世界都成了福柯式的“全景敞视式政体”。在这种强有力的视觉实践模式中，美，不仅是手段，也是目的，更是作为技术社会对人身体和容貌进行全景凝视和操控规训的同谋，假借美的概念（不是美的事物），对人的身体实施雕琢的手段之一。

尽管自柏拉图开始，“美”早已进入我们的关注视野，并与

---

① ［英］特里·伊格尔顿著，王杰、傅德根、麦永雄译．审美意识形态［M］．桂林：广西师范大学出版社，2001年7月。

“善”相生相伴，但是从维根斯坦的重新审视和发现中，“美”与其说被“异化”，完全沦陷在视界政体建构的网络之中，不如说已经成了一种“暗恐”（uncanny），具有复杂多变的动态性，熟悉又陌生、在场或不在场、敞开而隐秘，始终游离在人类历史、文化、社会、性别、身份和认知的边界。就如一只善变的蝴蝶，总在翩翩飞舞，新鲜而又神秘，引人好奇，耐人寻味。

维根斯坦是奥地利籍文化批评学者，欧陆哲学的影响，使得她的思想与维特根斯坦一样，不仅深奥更具思辨。尽管维根斯坦在《美妆的凝视》一书中运用了大量精神分析理论，但她更像是一位社会学家。她既批判专制主义，也批判民主主义，因为无论是法西斯统治的德国还是民主主义的美国，皆未克服绝对自由的弊端，从而被战争狂魔或变态人格所操控。体现在维根斯坦这里的，便是在众多技术和应用领域都存在的具有达尔文主义转向的“美妆的凝视”。事实上，人虽生而自由，却无处不在枷锁之中。

另外，受到德语的影响，在维根斯坦的这本书中非常显见，从而也使得其英语写作中常常有大量费解的句式和难懂的表达。加上维根斯坦掌握的现代的、时尚的、网络的和新媒介的知识加入，还有韩语、日语以及其他少数拉丁语在讨论中的运用，使得此书的译介不得不多次翻看典籍，查阅众多资料，方能解决。

仅就贯穿本书的关键词——“美妆的凝视”而言，不但作为作者独特的批评概念加以引入，方便其深刻分析现代世界的主体构建、文化表征的具体运作以及视觉实践之间的复杂关系，而且作为身体批评和媒介批评的重要术语，在不同的语境，“美妆的凝视”和不同的术语联系，便生成了全新的内涵和所旨。作为大名鼎鼎的符号学家翁贝托·艾柯（Umberto Eco，1932—）的弟子，维根斯坦几乎全面继承了老师思想世界的辽阔和多重。就“cosmetic”这一看似并不复杂的英文单词来讲，维根斯坦将其贯穿于全书中，从“化妆品”到“美妆”，再到“整形”，甚至可以理解成了“美”和抵达“美”而实施的医美和技术缝针等，作者将这一概念诠释到难以附加的程度。为了表述方便，也是权宜之计，笔者将主书名“cosmetic gaze”译作了“美妆的凝视”，但在书中其他地方，会根据不同的上下文语境和维根斯坦的讨论重点，处理成“美的凝视”、“化妆品的凝视”和“美容的凝视”等不同中文表达，希望读者理解其中的原委。

尽管译者竭力保持学术著作的严肃性，并在忠实可信的基础上努力做到文字晓畅，也注意使得本书的语言在读者阅读时不那么西化拗口，然而我想结果大概并不会令人满意。不仅“诗无达诂”，“译”也从无“达诂”，翻译常因译者的文化和学术背景等差异，造成一些不得已的“缺口”或间性。然而，所有的习惯都是后天习得和培养出来的，我们阅读西方学者著作的行文，也在某种程度上丰富了我们的汉语表达。衷心期待读者能不吝赐教，如果有幸再版的话，希望能借着读者的指正，做出全面的修订，也希望我们钟爱的维根斯坦的这部大作，会有更令人满意的译本呈现。

鲁迅先生早已强调“非有复译不可”。我相信将来会有一个更好的译者、一个更好的译本，帮助读者熟悉和了解维根斯坦

——这个和著名哲学家维特根斯坦只有一字之差的杰出女性学者。

弗洛姆（Eric Fromm）说，“现代人在幻觉下生活，他自以为他了解他所想要的东西，而实际上他所想要的是他人所希望他要的东西”①。维根斯坦的著作《美妆的凝视》正是这样一本书。最后，我想重拾柏拉图在《斐德罗篇》（*Phaedrus*）中的感叹：美只向感官显现，现代人既没有新的提升，也已受了污染，他们只是看到了美“在世间命名的样子”，引领读者去看过世间所有被遮蔽的，不仅仅是我们的身体，还有我们每日见到的那些在幻觉下似乎存在的一张张“面孔”。

书，还是交给读者诸君，毕竟我们生而自由。

是为序。

张小平

2020 年 10 月 26 日于扬州逸庐

---

① ［德］艾里希·弗洛姆著，陈学明译．逃避自由[M]．北京：人民文学出版社，1987 年 6 月。

致谢

谨以此书，献给我的孩子们——亚历山大、夏洛蒂、谢巴斯汀。

我想对为本书提供有价值信息的合作者致以感谢，他们是：杰弗里·阿兰·罗德斯（Geoffrey Alan Rhodes），我们共同完成了关于美国电视真人秀节目整容文化的纪录片《整容在美国》（*Made Over in America*）的制作；向本人客串编辑的特刊《真人秀整容——电视整容真人秀节目的文化》（*Reality Made Over*：*The Culture of Reality Television Makeover Shows*）投稿的作者们，他们的观点和出色的专业知识使这个话题产生了巨大影响，他们是朱莉·阿尔布莱特（Julie Albright）、弗吉尼亚·布拉姆（Virginia Blum）、威廉姆·埃金顿（William Egginton）、金伯利·杰克逊（Kimberly Jackson）、帕梅拉·奥罗森-韦恩（Pamela Orosan-Weine）、马克·波斯特（Mark Poster）、布兰达·R. 韦伯（Branda R. Weber）和乔安娜·齐林斯卡（Joanna Zylinska）；尤其是娜拉·鲁克（Nora Ruck），她在约翰·霍普金斯大学研究期间的工作对本书第一章的撰写与面世，起着至关重要的作用，还要感谢娜拉对弗朗西斯·高尔顿爵士（Sir Framcis Galton）和怪物部分研究内容上信息的提供；对本书和期刊《身体与社会》（*Body&Society*）给予帮助的评论者们；麻省理工学院出版社的道格·希瑞（Doug Sery），感谢他一直以来异乎常人的耐心和信任，使我即使在制作另一部纪录片和孕育第三个孩子期间，仍然能够坚持完成这部书稿；还要感谢一直鼓励我的策划编辑黛博拉·康特-亚当斯（Debora Cantor-Adams），她总是那么追求完美，精益求精；文案编辑罗斯玛丽·温菲尔德（Rosemary Winfield）和特洛伊·妥耶尔（Troy Toyer），感谢他们认真细致地审校。

感谢我的先生比尔（Bill）！无论对本书的完成还是此生我所做的一切，他都不可或缺，他，就是我的灵感。

导　论

IX　“美妆的”（“cosmetic”）这一单词，其来源可追溯到希腊语“Kosmetikós”——与修饰有关。作为动词，“Kosmein”有布置和修饰之意，而“cosmetic”又派生于“cosmos”——事物由此开始并被准确地赋予秩序。早于秩序本身又与秩序相关的事物，这种亲密的自我认知，才是凝视的最终对象，而这一切，就如宇宙（cosmos）本身，早已被先在的修饰结构化。因此，自我无论是其起源还是中心，一直为美容所修饰。美妆的凝视（cosmetic gaze）[1]，不仅相信身体作为“宇宙”，是最初（神圣和完整）的地方，同时作为一种从不停歇的修饰，对身体的建构也具有操控的力量。

笔者之前撰写的著作《深入皮肤：身体与媒介理论》

---

① 此处翻译成“美妆的凝视”，旨在将原作讨论和研究的美妆和美之间复杂的隐喻关系揭示出来。作为全书的重要概念，在全书的讨论中，美妆不仅是手段，也是目的，更是作为技术社会对人身体和容貌全景凝视和规训的同谋，借美妆的概念对人身体实施控制、规训和雕琢的手段之一。——译者注

（*Getting under the Skin*：*Body and Media Theory*, The MIT Press, 2006），考察了当下社会和文化凝视的策略与运作如何“深入皮肤”。这种凝视通过引导我们关注全球化的西方文化视域之内的“非身体的器官”，已经引发了人的身体内在性和外在性的决裂。在过去的四年中，笔者的批评关注点一直都是“刀口”（the cut）本身——那个被贯穿，即区分内外部运动与停止的地方。美容整形术、高分辨率电视和普适计算等一系列刺激感官的媒介，似乎都说明了凝视的运作方式，而作为潜在的整形的代表——刀口，就是凝视的对象。因此，“美妆的凝视”也被固定在皮肤之下的潜能层面，且只能通过切割（利用老式手术刀或不怎么具有侵略性的数码科技）这一动作来获得。这一层面，远非单纯的唯意志论的幻想，当自我被感知 X
为“善与美”的时候，就一直是个投射平台，并受控于身体史的某一特殊时刻。因此，美妆的凝视，有鉴于某些潜在的整形完成，要感知的是所有的躯体，而同时还要将这种潜在性固定在一个受控于时间的“真”的自我幻象的残痕中。

美妆的凝视尽管作用于个体，却在文化的媒介中培育和演变。身体经由文化媒介形成自我认知，同时，文化媒介又将身体引向伦理和美学双重意义上的“更好的你”这一目标。思想过程如何内在于美妆的凝视中，我们可做如下想象：自我被分解和重组后，将以一种“更好”的方式被重新塑造。凝视先是雕琢出（此处借用了美容外科手术中常用的雕塑的隐喻）身体中模糊存在的完美性，然后将真正美的和希望被人看到的部分留下来。此时的这个新的自我，就是梅雷迪斯·琼斯（Meredith

Jones）所说的美容文化中重要的“重生”主题。当然，借此重生，美妆的凝视便与对“旧的自我”的死亡和悲悼，有了紧密的联系。[1]

笔者在本书中试图说明，美妆的凝视如何加速了这种重生，又如何在业已坍塌的身体概念上建构了其“媒介性”（mediality）——一种媒介综合体，从这个综合体出发，美妆的凝视不但了解其自身，也将其自身再现给他人。尽管从20世纪80年代晚期开始，我们就已经为媒介和身体之间关系的坍塌欢呼过、唏嘘过，但今天人们对自我的建构，正是以某种自信的方式，在医学的领地上确立起来。就如这个“非身体器官”——受德勒兹启发，笔者曾采用的隐喻，用来说明21世纪的身体概念——此种自我，渴望从身体中独立，却借助媒介达成。不再拥有身体，此种自我出现在电视屏幕上。从今天的美容词汇中我们体验到的，正如笔者在此前援引众多案例并从中推导出的结论是一样的，是一个被“较好后的自我”（bettered self），它不仅从自己的肉体中再生，目前甚至可以如经典好莱坞影片中被数字重新控制的人物一样，得到永生。

尽管21世纪新的媒介环境能对美妆的凝视做出新的揭示，但就美妆的凝视本身来说，不过还是一个旧事物。本书第一章“溯源美妆的凝视：从18世纪的相面术到纳粹德国的种族理论”，笔者首先从约翰·卡茨帕尔·拉瓦特尔（Johann Kaspar Lavater，1741—1801）的18世纪相面术著作的讨论出发，继而考察19世纪达尔文主义与颅相学的发展，最后以纳粹德国的种族理论探讨而结束。追溯美妆的凝视的历史和演变，本章旨在表明，18 世纪相面术理论家们对人外貌的伦理解读，可看作一种有备而来的凝视——主要依据柏拉图“美与善”的原则以及弗朗西斯·高尔顿爵士①的摄影合成准则，试图发现并完善一张“普通”的英国人的面孔——这种凝视，如何为纳粹德国颅相学的凝视而产生的歧视和灭绝人性铺平了道路。通过确立美妆的凝视在历史和概念上的研究价值和研究目的，第一章为接下来的第二、三章的研究，定下了基调。

第二章“美的阴暗面：从痉挛性的美到改头换面”，确定了第一章的归类前提——西方文化如何学会了寻找、区分以及归类人体，尤其是对人的面孔的美丑、有用或无用等的寻找、区分和归类。这种归类的直接结果，便是产生了一种新的观念，从而将超现实主义学家将所谓的“痉挛性的”美与丑结合起来。在这种观念的影响下，畸形的身体成了可被识别以及被辩论为正确的领域，从而上升至一个崭新而著名的他者的审美地位。本章重访了约翰·卡茨帕尔·拉瓦特尔关于畸形的观念，尤其是他对“怪物”概念的论述，并以讨论何谓新的美的概念而结束。

第三章“人工缝合术：21 世纪的美容技术”，从第一章止步的地方继续讨论，将第一章历史的追溯扩展到 21 世纪的整容真人秀节目。本章聚焦 20 世纪晚期和 21 世纪早期应用和操作领域中存在的美妆的凝视，试图追问当下的美容技术是否已经克

---

① 弗朗西斯·高尔顿爵士（Sir Francis Galton，1822—1911），博物学家、人类遗传学家，优生学创始人，其外祖父是著名科学家达尔文的祖父，与达尔文是表兄弟。——译者注

服了达尔文转向的影响以及为特有脸型或体型的灭绝而负责的种族理论，以及为人们带来的痛苦和创伤。本章也考察了当下的媒体实践如何在真人整容秀节目《白天鹅》（*The Swan*）、电子游戏《模拟人生》（*The Sims*）和英国警方用来识别列入黑名单犯罪嫌疑人的电子人像识别软件 E-FIT 和 EFIT-5 上的应用，如何表现出美妆的凝视。

第四章“编辑女性：美妆的凝视与影院”，不再沿用本书之前采用的历史研究，而是集中讨论表达美妆的凝视的特殊领域——影院。本章聚焦银幕上展现的“女性美”和“女性缝合术”的问题，主要研究了部分具有代表性的主流电影和独立制
XII 作的电影——包括《女人的面孔》（*The Face of a Woman*, 1941）、《无颜之眼》（*Les Yeux sans visage*，1959）、《切肤》（*Dans ma peau*，2002）、《裸体切割》（*In the Cut*，2003）和《时间》（*Time*，2006）等电影——它们抑或是恐怖片，抑或是喜剧，抑或是心理惊悚剧——如何融合或评论美妆的凝视对观众的影响。

由于女性主义电影理论中有部分观点深受男性的凝视这一概念的心理分析学启发，最后一章对本书的研究主旨进一步重述，试图从厌女倾向这一深层文化的褶皱中，挖掘出女性主义者的立场。因此，本书从被男性体制化的相面术开始，最终又回到在对美妆的凝视利用和传播中如何辨别相面术的内在作用。对影院艺术中存在的切分女性问题的探讨，一定要从心理分析的概念入手，通过解释影院艺术机制如何在我们的生活中持续发挥的权利操控，试图表明美妆的凝视这一观点如何最终置换了男性的凝视的观点。尽管电影对女性身体主导性的努力需要

说明其原本肇始于女性主义思想，但美妆的凝视针对的是我们每一个人。就如其他很多粉饰“存在之所”这座高墙的屏幕一样，影院从没有停止过对我们展示我们的身体，原因是它们能够做到，并也因此从其传播的美妆的凝视之处汲取生命。

第一章

溯源美妆的凝视：从 18 世纪的相面术到纳粹德国的种族理论

视觉器官是肉体中最敏锐的感官，为身体导向，但我们看不见 1
智慧；如果说智慧也有清晰的形象可供我们观照，那么她的可爱就会一直被传导，而其他的理念，如果也有可视的对应物，那也同样让人觉得可爱。然而，这是美的权利，作为最可爱的事物，美只向感官显现。现在人既没有新的提升，也已受了污染，没有从尘世中飞升，看见他处真正的美；他只是看到她在世间命名的样子，而不能抱着敬畏之心去看待美，却把自己抛到淫欲里，像四只脚的畜生一样放纵情欲；既没有忌惮，也不顾羞耻，只是追求不自然的快乐。①

——柏拉图，《斐德罗篇》[1]

① 此处译文参考了王晓朝译《柏拉图全集》（第 2 卷）北京：人民出版社，2003 年版，第 165 页，并做了部分调整。——译者注

当美国人涌向电视真人秀节目《极限美容》（*Extreme Makeover*）并因此展示他们外科整形能力这一女性景观的时候，很多人都以为一个激进的新世界已经开始。然而，当今这颗整容现象的种子在医疗和媒介技术使得这一景观成为可能之前，早已播下。“凝视”（the gaze）是一种文化建构，可产生看与被看的我们相互依赖的需求。[2]此处它就作为一种跨历史的类属，可以追溯视觉及其机构乃至其使用者代理人的历史学领域与深层的社会合约之间的关系，使得凝视被投射到某一文化关注和信任的“屏幕”上。这个屏幕，是社会关注并发掘其被再现的一个场所，是凝视注定去关注并得以形成的位置。正如卡娅·西尔弗曼（Kaja Silverman）所说，屏幕就是“凝视用来定义某一特定社会的场所”[3]。屏幕表达的是某一社会的视觉政权。投射“美妆的凝视”的屏幕，不仅包括肉体本身，也包括本书讨论的格式在内，电视真人秀节目和那些“糟糕的美容外科术”的网站
2 也在其中。对于那些已经将改变的欲望直接物化到肉体上的人们来说，他们的身体业已成为屏幕，从中隐约可见文化被映射的样态。这种表征社会变化欲望的身体屏幕，在本书的第三章会详细讨论，其中，人们谈论自己如何被改变的身体所包围，从而产生整容的欲望，同时还出现了一种循环的凝视，那就是，我在他人的身体上看见自己，他人的身体又告诉我如何去看或如何才能去看见。[4]

“美妆的凝视”（cosmetic gaze）指的是注视我们自身和他人身体的这一行为凝聚的技术、期望和形塑策略等信息。此种凝视也是一种道德化的凝视——一种注视身体的方式，就如期待

身体和精神提升的方式一样，表现为身体结构的一种匮乏或需求。正如福克斯广播电视公司的真人秀美容节目《白天鹅》的创作者和制作者内利·加兰（Nely Galán）谈起成功整容的选手时说的，“你一定希望自己从内到外都更完美一点”[5]。

我们追溯了部分内外整形的捷径史，这是最基本的对美妆的凝视的操控。瑞士神学家和神父约翰·卡茨帕尔·拉瓦特尔 1741 年出生于苏黎世，以相面术著作而闻名，他的著作在 18 世纪晚期的欧洲被广泛阅读。拉瓦特尔为弗朗西斯·高尔顿爵士的达尔文主义相面术及其 19 世纪的颅相学和德意志纳粹德国种族理论学家相面术的发展打下了基础。[6]本章重点考察具有指导意义的以下问题：18 世纪的相面术，将哪些人的外在容貌与其性格特点做关联？作为神学家和神父的约翰·卡茨帕尔·拉瓦特尔，他试图揭示人的内在心理的目的是什么？拉瓦特尔如何感知和阐释女性的外貌，而他的这些女性相面术又怎样说明了 19 世纪和 20 世纪人们对“阅读”一个人外貌的尝试？基于观察者主观认识之上的 18 世纪相面术，如何影响了 19 世纪受客观性驱动从而借助照相设备的镜头将人们的外貌归类的实践？19 世纪颅相学的发展，如何为纳粹德国的种族理论提供了相关信息，从而使其将那些内外都有异常的躯体从社会根除的意图得以大行其道？最后，到底是何种媒介及其组织对美妆的凝视进行了宣传——从拉瓦特尔绘制的肖像画和高尔顿爵士的摄影合成术，3
一直到测量学意义上所定义的和直觉上所发现的纳粹德国理想的“雅利安人种身体”？从根本上说，今天的整容实践归根结底与美妆的凝视有关，同时此类机制在 18 世纪的欧洲文化中已被广泛采用。

尽管对美妆的凝视的研究可从中世纪或者更久远的古代开始，但本书的研究基于对医学凝视的辨别——直接深入皮肤——自 15、16 世纪人们发现人体结构开始，医学的凝视已在西方世界广为流传。在现代性的早期，个体身体与社会身体的分离，就被理论化，[7]并直接导致了现代性高峰期身体概念的产生，这一点正如笔者在《深入皮肤》一书中所指出的一样，身体“是作为个体自我身份基础方面着力打造和实现的一个‘工程’”[8]。因此，18 世纪是医学史上的一个重要时刻，即米歇尔·福柯（Michel Foucault，1926—1984）的著名论断——现代医学之诞生的时刻。[9]

这一时刻在医学史上的显著标志就是医学专家或医生开始对人的身体进行检查。正如芭芭拉·杜登（Barbara Duden）所说，“只有到了 18 世纪末现代身体才成了医学检查的效果和客体。身体成为新的客体，并被滥用、整形和控制。按照福柯的观点，客体的被动性是临床检查仪式的结果”[10]。对一个生命体检查（不仅仅是对一具死尸进行解剖）的结果，就是在医生的解剖凝视之下，又制造出一具隐秘的身体。杜登解释说，“这具‘身体’的实在性是这些描述的产物”[11]。换言之，这种医学的凝视转换成为一种“科学话语”，能够根据人的某些身体症状，来对某一个体进行描述——个体将自我身体上看到的情况报告给医生，医生则通过询问个体“你感觉如何?”进行看病或描述病人。正如卡斯滕·泽尔（Carsten Zelle）指出的，相面术这一学科之所以在 19 世纪晚期蓬勃发展，原因在于不断增长的“将个人的自我看作独一无二和独立的”趋势所致。[12]

一旦成为一门人体和医疗科学，相面术的地位就会上升为“真实自我”的研究，更是成为 21 世纪整容文化持续努力的方
向所在。那么，从文化—理论的角度分析关于美妆的凝视，笔 4
者主要依赖历史上对这种自我的认识，并就如何看（其本身）、又如何（被医生）所看的历史的认识展开讨论。下文笔者对拉瓦特尔相面术的研究，也基于人们观察和阐释的现实。可以说，拉瓦特尔肖像画的“现实”，便是一个神父凝视的结果，是拉瓦特尔将观察赋予言语能力的结果，更是给予他描述所见所闻的科学话语的结果。

笔者对 18 世纪晚期欧洲存在的美妆的凝视进行考察，发现它与在医学的凝视中被审视的身体具有历史的相似性，因为后者无非使身体从内部转向了外部。这种现代的身体概念，也带有笛卡儿思想传统的信息。正如帕特里齐亚·马格利（Patrizia Magli）提出的那样，“相面术的认知是日常知识的一种形式”[13]。这种外在的容貌与内在的构造（体质）之间的关联——借用笛卡儿的术语，或延展的身体和一个思考之物或灵魂之间的关联——至少从公元前 5 世纪以来就一直被念念不忘，相面术这一学科在当时和临床医学有关，经常被希波克拉底①等古代医生讨论，并被看作伪科学，对于希波克拉底来说，相面术还构成了颇有争议的意指关系。无论是这种意指关系中存在严格的信仰，还是这种意指关系用作证明宇宙和神的和谐的存在，驱使

① 希波克拉底（Hippocrates，460—377 B. C.），古希腊医生，被西方尊为“医学之父”，西方医学奠基人。——译者注

相面术的发展历史——从亚里士多德到弗朗兹·约瑟夫·高尔（Franz Joseph Gall）的颅相学——一直都是基于人的面孔的权利信仰，面孔被看作能让灵魂“展示”其本身并且得到阐释的最具特征的地方。正如马格利所说，“在一个被严格赋码的对等系统中，总是存在着一种趋势，那就是要对一张面孔上那些难以言喻的特点冷冻处理”[14]。对一张“理想的面孔”的冷冻，不仅使得我们在皮肤之下寻求一种解释内在性的符码成为可能，也可借此揭示出一种解释个人行为的道德符码。这样一来，人体尤其是人的面孔及其特点，就成了一种症状——导向其他地方（直到上帝那里）的事物或者其他通过“隐藏”其下的某物而误导的事物。笔者在第四章会回到这一点，届时我会将美妆的凝视的历史解释为正如电影中所再现的，是对医美史和整容史的反对。至于现在，为了更好地理解拉瓦特尔如何得到从“美”和“丑”中寻求的知识，我会从18世纪晚期启蒙欧洲的时代精神这一简短的背景开始，毕竟拉瓦特尔的眼睛在这一时期最为活跃。

“美与善”的概念

5 “美与善”（Kalókagatheia）这一概念——是由3个德语单词“kalós”（美丽的）、“kai”（和）、“agathós”（善的）组成——认为体型的美和灵魂中的美的性情存在着呼应。柏拉图在许多谈话录及其作品中都提到了这一概念，比如他在《理想国》里是这样说的：

——因此，如果一个人的灵魂有细腻和美丽的性格，那么他的身体会在美上与之匹配，并因此与之和谐，以至于两者共享相似的形状，难道这不是一个人眼睛看到的最美丽的景象吗？

——确实是这样的。

——最美丽的难道不是最可爱的吗？

——当然是。[15]

尽管柏拉图的时代，术语“美与善”（Kalókagatheia 或 kalói kagathoi）[16]（后者的拼写形式更为普遍），指的是“绅士般的高贵性”——养成正直的品质或拥有恰当的文化[17]——就这个术语本身来说要追溯其源头是非常困难的。[18]从古希腊罗马时代到启蒙时代，这一术语经过多次阐释，直到 18 世纪上半叶，才最终演变为“美的灵魂”这一概念。[19]公元前 6 世纪时，忒奥格尼斯①和品达②就使用过“美与善”（Kalókagatheia）这个术语，暗示身体美与伦理美之间的内在联系，这一概念实际上指的是一个真正的贵族品质。[20]在古典希腊时代，约公元前 5 世纪的雅典城，这个术语普遍用来指一个家世良好、令人尊敬的人。阿里斯托芬③在戏剧《蛙》（*The Frogs*）中，就将卖油灯的人、修鞋

---

① 忒奥格尼斯（Theognis，约 585—540 B. C.），古希腊诗人，古希腊诗史上著名的信念坚定的贵族分子。——译者注

② 品达（Pinda，约 518—438 B. C.），古希腊著名抒情诗人，被认为是古希腊九大抒情诗人之首。——译者注

③ 阿里斯托芬（Aristophanes，约 446—385 B. C.），古希腊早期喜剧作家，有“希腊喜剧之父”之称。——译者注

匠、皮货商人或其他的手工艺人，列入“不好亦不美的人”，他们正好与“美与善”的上流社会人士相对。雅典人最感兴趣的是能够成为上流社会的一员或者当一名贵族。[21]然而，当时的人们并没有认识到“美与善”（Kalókagatheia）的品质内在于一个人，这种品质令人尊敬，且有可能通过后天的“教育”（paedaia）来获得。与柏拉图同时代的色诺芬①，还将“美与善”当作苏格拉底教育中的主要科目之一。在色诺芬看来，美与善体现在人与神（dikaiosyne）的正确关系中，[22]尤其强调“美与善”中“善”的那一面。色诺芬认为，善行或者道德上的善行，超过了美，原因在于美并不会带来更多的物质奖励。尽管如此，一个人的道德行为会在他的面孔上映射出来。在色诺芬
6 的《回忆苏格拉底》（*Memorabilia*）一书中，他谈论了人的面孔和举止如何反映了一个人的道德高贵性，以及人们在观看一张美与善（kalos kai agathos）的面孔和行为举止时会表现出的一种愉悦：

> 苏格拉底：你认为哪一种脸型看起来更让人愉悦——上面刻画着美的、善的和最可爱的性情的一张脸，还是刻满了丑的、恶的和让人憎恨的一张脸？[23]

---

① 色诺芬（Xenophon，约 440—355 B. C.），古希腊历史学家，是苏格拉底的弟子，以记录当时的希腊历史和苏格拉底的语录而著称。——译者注

因此，色诺芬关于美与善关系的观念与凝视紧密相关。道德完美的人，看起来会更漂亮些，毕竟美的灵魂会在人的脸上“散发光彩”，这是因为面孔是一个人“灵魂的窗户”。公元前4世纪时，亚里士多德就初步结束了“善”和“美”的联姻，并发现了“善”和“美”是两个不同的概念。[24]他的“美与善”（Kalókagatheia）的观念强调“善”而剔除了“美”，[25]是对美德的内在的观念的持续挑战。雅典的执政官（即“aristoi”），要根据他们的品行和生活作风而被选举出来，而不是根据他们是否出生在一个贵族家庭。亚里士多德的伦理观使得哲学家们将“美与善”的获得看作一个人自身幸福的终极目标。[26]可以说，“美与善”的关系在爱比克泰德①、普鲁塔克②和狄摩西尼③等后亚里士多德哲学家那里，依然是一个伦理问题。

这个概念后来经过出生在埃及的哲学家普罗丁（Plotinus）的新柏拉图主义[27]的阐释，再次复苏。下文选自普罗丁的《九章集》（*Enneads*）——第六篇题为“美”的论文——写于1700年前，但普罗丁肯定了需要被雕琢的内在美的关系——揭示出灵魂的美在某种程度上是被掩藏在身体之下——似乎这些言语与当下的整容话语以及美容说明同出一辙。关于“内在视觉”这一节，普罗丁这样说道：

---

① 爱比克泰德（Epictetus，约55—135），古罗马著名的斯多葛学派哲学家之一，著有《沉思录》。——译者注

② 普鲁塔克（Plutarch，46—120），古罗马早期的希腊传记作家、散文家、伦理学家以及柏拉图学派的知识分子，是传颂最广的古典作家之一。——译者注

③ 狄摩西尼（Demosthenes，384—322），古希腊伟大的雄辩家之一。——译者注

> 退回你自身好好看看。如果你发现自己不够美，抓紧时间行动起来，就如雕塑家尽力将作品雕琢得美丽些那样：这里切切，那里磨磨，让这条线直一些，那条线再纯粹一些，直到一张完美的脸在他的作品里呈现。因此，你也可以做得到：把多的地方切掉，将扭曲的线条拉平，给阴暗的地方补上光，努力让其闪耀出美的色彩，不要停止凿刻你的雕塑，一定要到神一般的善的光辉映照在你的身上，直到看到完美的善确切地建立在毫无瑕疵的神龛上……除非自身美丽，不然灵魂永远看不到这种至美。[28]

7 普罗丁口中完美的雕塑刻画了一个纯粹道德高尚的美的灵魂。然而这位哲学家也指出了除非自身美丽，不然灵魂根本不能抓住或看到美。拉瓦特尔 18 世纪晚期的相面术理论框架也是如此认识人体的，尤其是人的面孔，它将面孔看作通往一个人灵魂宇宙的大道以及指引灵魂看到或者体验美的需要。这个术语最初的柏拉图的意义以及普罗丁所采纳的新柏拉图的意义，在 18 世纪德国启蒙哲学家那里再次被热烈讨论。比如，在约翰·哥特费雷德·赫尔德（Johann Gottfried Herder）一篇题为“身体美是灵魂美的信使吗”的论文中，他一开始就讨论了某些人因天生高贵就能取胜，而其他人只能去往医院或退回母亲的子宫获得再生。[29]他以相似的讽刺口吻结束了论文，指出人们看他人的主观性：“每一个人都凭自己的眼睛去判断其他人，如果一个人沉醉在他甜蜜的梦境中，我为什么要叫醒他？”[30]

就意识形态来说，18世纪可粗略地分成受惠于古罗马的上半世纪和受惠于古希腊的下半世纪。[31]在18世纪早期的德、英、法三国，[32]人们重新阅读维吉尔①、贺拉斯②和西塞罗③等关于理性主义精神的著作，在这其中，柏拉图的著作被认为是晦涩和模糊的。1762年，伦敦的《每月评论》（*Monthly Review*）宣称，“柏拉图已经过时了”[33]。克里斯托弗·切伦扎（Christopher Celenza）甚至指出，18世纪晚期之前曾经有过更好的时代。“柏拉图主义和普罗丁、圣·奥古斯丁④和马尔西利奥·费奇诺⑤这些复兴主义者一样同列。当第一个‘现代的’哲学史家，雅克布·布鲁克（Jacob Brucker）……将只有业内人士才懂的柏拉图主义痛斥为让人糊涂的大杂烩，充斥着令人费解的观点，对于真正的、‘理想的’哲学的进步有害无益。——已见过更好的时代”[34]。

然而，18世纪后半期却出现了古希腊的转向，并以位于另一极的古希腊复兴主义者的思想而达到顶峰，他们包括哲学家

---

① 维吉尔（Virgil，70—19 B.C.），古罗马诗人，著有《牧歌》《农事诗》《埃涅阿斯记》等。——译者注

② 贺拉斯（Quintus Horatius Flacus，65—8 B.C.），古罗马诗人、批评家，著有《讽刺诗集》《长短句集》《歌集》等。——译者注

③ 西塞罗（Marcus Tullius Cicero，106—43 B.C.），古罗马政治家、雄辩家和哲学家，著有《论国家》《论法律》《论神性》《论演说家》等。——译者注

④ 圣·奥古斯丁（St. Augustine，354—430），著名的基督教神学家，将柏拉图和柏拉图主义的思想与基督教紧密结合起来，著有《忏悔录》。——译者注

⑤ 马尔西利奥·费奇诺（Marsilio Ficino，1433—1499），文艺复兴时期的欧洲学者，新柏拉图主义的捍卫者。——译者注

狄德罗①、温克尔曼②、洪堡③，诗人席勒④和荷尔德林⑤等。[35]德国一直都有拜希腊的传统，这种传统持续繁荣到19世纪，其直接结果就是“美与善”（Kalókagatheia）这一希腊概念的再次复苏。克里斯托弗·马丁·威兰德（Christopher Martin Wieland）在他关于“年轻人心智培养的学院计划”的教育学论文中，重新回到了“美与善”的概念，并将其意思重新阐释如下：

> 8 因而，教育的目标，就是如何培养年轻的公民，让他们成为所谓的“美与善”的人。借由这个词汇，他们便会理解所有的优秀和完美，可以将一个自由和高贵的人与一个奴隶和人形的动物区别开来……唯有这一目标，才配得上人性，而在他们的青年时代，要尽可能早地对这些青年人灌输美与善的品位以及最好的道德和政治观。[36]

---

① 狄德罗（Denis Diderot，1713—1784），法国启蒙思想家、唯物主义哲学家、作家和百科全书派代表人物。——译者注

② 温克尔曼（Johann Joachim Winckelmann，1717—1768），德国美学家，开辟了以造型艺术为研究对象的美学新途径，著有《古代美术史》。——译者注

③ 洪堡（Wilhelm von Humboldt，1767—1835），柏林洪堡大学的创始人，德国著名教育改革家和语言学家，著有《论爪哇岛的卡维语》。——译者注

④ 席勒（Friedrich Schiller，1759—1805），德国著名诗人、哲学家、历史学家和剧作家，启蒙文学的代表人物之一，著名“狂飙突进运动”的代表人物。——译者注

⑤ 荷尔德林（Friedrich Hölderlin，1770—1843），德国诗人，古典浪漫派诗歌的先驱，著有《人类颂》《自由颂》《为祖国而死》等。——译者注

在身体美与道德美之间建立本能联系

威兰德（Wieland）复苏“美与善”的精神，也正处于拉瓦特尔相面术科学的前沿。这位瑞士牧师在 1775 年到 1778 年间出版《提升人的知识和爱的相面术片段》(*Physiognomical Fragments for the Promotion of the Knowledge and Love of Man*) 一书后，声名鹊起。此书在德国出版后很快便风靡欧洲，短时间内就被翻译成了欧洲各大语言文字，以不同的风格和版式广泛发行，甚至一度还做成了人们走亲访友时方便携带的口袋书。拉瓦特尔不仅以各种方式成了主妇们持续需求的人际关系咨询师，他的相面术科学也成为人们了解他人神秘性格的灵感。

毫无疑问，对于拉瓦特尔来说，容貌与道德呈正相关：“一个人的美丑与道德品质有着严格的联系。越是品德高尚，越是长相俊朗；而相貌越是丑陋，人品也越发糟糕”[37]。

在拉瓦特尔看来，美德可以表现在美的身体上，尤其表现在人的面孔上。灵魂的丑陋表现了面貌的负面性。他认为，人的面孔总体上能够体现出人的内心，正如古典的修辞术一样，面孔可被用来强调和表现一个人的情感。[38]问题不在于一个人天生是否美丽或丑陋，或者这个人是否高尚或败坏；相反，这一方向可以做个翻转，那就是：人的灵魂是一种可视物。不过拉瓦特尔也限制了自身的立场，他注意到善行会让人看起来更美，而恶行却会让人看起来更丑，甚至还能强化原本存在于善与恶之间并以此起始的行为。拉瓦特尔承认，气候、职业、疾病等社会经济环境对人的外貌同样具有影响力。最重要的是，不管怎么说，改善是可能的，并且总被人们希望。尽管人的身体与某些心灵的性情能够遗
9 传，但人还是能够让自己变得更好一点：“完整的身体骨骼和肌肉部分，组成了完整的身体框架——体形、肤色、声音、步履和气味——总之，所有的部分都和面孔有关系，都有可能会和面孔一起降格或提升[39]……一个人可能跌倒，那他也可能站起来，甚至可以达到比他跌倒时更加完美的善的提升”[40]。

在他 1797 年连续两天创作的系列画作中（参见图 1.1 和图 1.2），拉瓦特尔描摹了从丑陋（11 月 16 日）到美丽（11 月 17 日）渐进的演变。从《最丑陋的丑》开始，他就在一副侧影的面相上做了一个几乎很难被人注意到的变化，而侧影的性别一开始也几乎无法区别，但随着侧影演变到较为美丽的阶段时，我们能够判断这是一幅女子的画像。这两幅画作可被看作伟大的链条式的视觉化存在，一系列来自神的物种一直延展到最低下的活的生物。在 19 世纪大部分的思想里存在的链条就是美的链条，[41]对于拉瓦特尔来说，也当然如此。从这个角度讲，美丽的个体最接近于神，而丑陋的个体，则趋近于动物的国度。然而，拉瓦特尔坚持认为，即使人类中最畸形的个体，也比最漂亮的动物高贵得多。

拉瓦特尔对相面术体现出的各种各样人的性格的坚持，可以说受到了他的宗教愿望的激发，旨在试图了解人性的真正本

质，在他看来，人性表现在外貌上：

> 每一个生灵都离不开上帝创造的无限性……不论一个人沉入高贵的人性之下有多深，都不可能停止为人。只要不是动物，他就仍旧能够改善，能够接近完美。……人的面容，无论多么堕落，仍能从中看到人性，毕竟那是神的形象。[42]

相信人可趋向完美，拉瓦特尔确定了一门科学的早期阶段，旨在寻求个体恶的原因和表现，在他看来，恶削减了人的内在完美性。他解释了道德隐藏在人的外在容貌这一物质后面的位置，这一位置能在人性具有绝对的“善”的信仰下激发出来：

> 我见过最糟糕的人，一个人最糟糕时的表现，但所有这些恶、亵渎以及罪恶的抑制，都不能泯灭其面容上散发出的善的光亮、人性的精神，以及一个人不言而喻的内在与外在完美性的特点——我们越是要清除罪人，就越是要拥抱人。[43]

虽然 19 世纪和 20 世纪对不受欢迎的长相特点的消灭已经扩 12
展到了整个种群中，但拉瓦特尔并没有此类消极的意图。实施犯罪不过是个体部分的特点之一，相面术的研究，能够帮助科学识别和分离出这组性格特点。因此我们可以说拉瓦特尔还是保留了自由意志的概念，他坚信人有行善的基本能力。总的来说，拉瓦特尔作为天生的相面术专家，能够揭示某人是好人还是坏人，意思是一个具有“美与善”（Kalókagathos）特点的好人，或者此人是否可通过一定的“教育”实践（paideia），从而变得更为完美。

10

图 1.1

约翰·卡茨帕尔·拉瓦特尔，《最丑陋的丑》（*Die hasslichste Hasslichkeit*），1797 年 11 月 16 日作。画作下的说明文字写道：“前额不自然突出；眉毛杂乱；鼻子又尖又直；上唇深陷；下唇突出而肥厚，差一点触及短小的鼻子末端；窄小的下巴逐渐发展成了甲状腺肿大；所有这些特征决定了丑陋和愚蠢，眼睛还不错。”

11

图 1.2

约翰·卡茨帕尔·拉瓦特尔，《向美趋近》（*Fortschritt zur Schonheit IV*），1797 年 11 月 17 日作。画作下的说明文字写道："前额的弧度较为开阔和漂亮；眉毛和眼睛相对精致；鼻子略挺拔；嘴唇和下巴略宏大；下唇再收缩一点不过于突出就好了。就整体（面容）来说，可以承认这就是美。"

拉瓦特尔的研究方法是完全折中和主观的，经常将经验观察和不甚科学的方法混在一起，基本上依赖他本人的直觉。拉瓦特尔甚至宣称自己对街上看到的人的面孔，能够迅速做出判断，几乎无须做任何思考："当一张完全不熟悉的面孔映入我的眼帘，尽管我是近视眼，站得也比较远，但这张面孔如此震撼我，使我立刻对这张面孔形成自己的判断。根本不需要思考"[44]。拉瓦特尔继续声称，如果用新柏拉图主义的观点判断，只有当他从书本的研究转向自然和“再现自然的意象”研究时，他才能实现自己的主要理想，意思是这些意象并不在自然之中而要在人体上发现：“去发现那些美丽的、高贵的和完美的；去定义它们，让我的眼睛熟悉它们，给予唤起的感觉以新鲜的活力”[45]。这些判断显然是相信宇宙本能掌握外部美和内在美关系的结果。按照拉瓦特尔自己的预估，个体容貌的表面呈现出的性格差异，是对宇宙反应的一种回复和唤起，这些恰恰触及了我们的道德和思想存在的核心。

> 让一个长相极其俊美的人和一个长相极为平庸的人站在一起，没有人会说前者“他长得真丑”，也没有人会说后者“他长得真好看”。让一个长相俊美的人做鬼脸来扭曲面孔，我们可从天底下的每一个国家招募看客，相信每个看到这张面孔的人定会异口同声地大叫：“这张脸难看死了，让人不适，甚至厌恶！”但当他恢复到他自然模样的一刹那，人们又由衷赞叹：“真是漂亮，令人愉悦，好生雅致！”[46]

拉瓦特尔相面术的主要方法是直觉的运用，同时也直接表达出他的想象力和融入画作的道德本能。他曾写过一封信劝说维也纳的图恩伯爵，认为学习相面术的学生首先需要一种“绘
13 画的相面术直觉”[47]，他提议学生要先从整体轮廓开始学习，再逐渐扩展到细节特点的捕捉，学生要有从整体感受到细微描摹的循序渐进。他强调描摹要持续关注一个人整张脸孔的比例。

基于描摹的基础，当被画人不在场时才能完成绘画。因此，相面术成功的关键在于“描摹后再画，画后再描摹”[48]。

但问题在于，什么人通过这些肖像来看我们？就拉瓦特尔论文集《论相面术》（*On Physiognomy*）中的280幅肖像插图而言，[49]看我们的人呈现出各种各样的性情。除了根据美丑的程度不同，将绘画对象归入不同的类别，拉瓦特尔还将这些对象分成其他性格类别，比如清醒（Aufmerksamkeit）、智障（Geistesschwache）、恶（Laster）、激情（Leidenschaft）、宗教（Religion）和女人（Weiber）。至于后者，拉瓦特尔提供了一系列人们可能具有的长相，有的长相还与宗教行为、清醒、真实性甚至母性这样的女性道德品质结合起来。假定拉瓦特尔坦白他缺乏观察女性的机会，那么，在他对女性观察的尝试中，文化想象远比经验研究重要得多：

> 我必须承认，我对人类中的女性群体并不那么熟悉。世界上的任何人都比我假装了解到的她们更为了解她们；我在剧院、舞会或者棋牌桌上见到她们的机会少之又少，而那里或许正是研究她们的最佳场所。青年时期，我几乎避免接触女性，也从来没有爱过她们。[50]

拉瓦特尔的女性美概念：奉献与伪装

尽管承认有所忽视，拉瓦特尔还是谈论了诸多关于女性气质和女性外貌的问题。他竭力说明的第一个问题是，我们能否相信女性的外貌，或能否知道我们所看到的很大一部分都在掩盖隐藏其中的欺骗？拉瓦特尔希望人们了解相面术的技巧，便于读懂女性的外貌，毕竟女性外貌最具欺骗性。他的德文原著提供了许多引人入胜的图解，其中相面术本身被表征为一种秘密武器——能对“女性外貌的虚伪性”（参见图 1.3）进行解码。

14

图 1.3

约翰·卡茨帕尔·拉瓦特尔的插图，《提升人的知识和爱的相面术碎片》（*Physiognomische Fragments, zur Beforderung der Menschenkenntnis und Menschenliebe*）。

在女性美丽而洋溢着自信的面孔背后，我们看到的却是一副暗示死亡和丑陋的骷髅——美丽荡然无存。他竭力传达给我 15
们的信息除了不要轻易相信美丽的女性面孔之外，还在生死之间也画了等号，那就是，带给你生命的（女性），也会（通过疾病或其他方法）带给你死亡。这种关于女性身体的古老神话或老生常谈的观点一直持续到现代的任何一个时期。[51]虚伪这一问题——美丽的女性面孔可能藏着欺骗——在拉瓦特尔列举的许多关于他如何看到女性在社会上扮演悲哀、母性、古老的智慧，或“热情洋溢的忠诚的”代理人的例子中，虚伪问题也一直作为关键要素。

上述描述让我们重新回到了普罗丁的“美与善”（kalókagatheia）的观念，认为精神的缺乏会造成一个人的灵魂丑陋：“对于灵魂来说，丑陋缘于精神的不纯洁，两者如果不再黏合，就如蒙了尘的金子一样”[52]。普罗丁并没有从相面术的角度具体叙述一个丑陋的灵魂其外貌到底如何，拉瓦特尔却做到了这一点。他能从一张掩盖丑陋灵魂的面孔上看出美丽，似乎美丽于他不过是一张面具。真正的相面术大师就如一名道德导师一样，帮助人们发现女性美丽的面具背后到底隐藏着什么——渴望、爱慕和狡诈。拉瓦特尔认为，这些伪装很明显，了解它们起码会让自己和其他得到告知的人们安全地避开这些女人，从而不会受到“她们无耻却如鲜花般的危险咒语”[53]的侵害。在拉瓦特尔牧师看来，只有一种方法可以趋近女性真正的美丽——奉献（Andacht）之美。图1.4中这个“热情洋溢的女性”在美的方面存在的问题（“眼睛和鼻子都毫无精神”），在于缺乏内心的纯洁，因为内心的纯洁绝对不会被虚伪玷污——换言之，美却有可能被外部的修饰所损污。

16

图 1.4

约翰·卡茨帕尔·拉瓦特尔，《热情洋溢的女性奉献》（*Sanguinisch weibliche Andacht*），1795 年作。画作下的说明文字写道："啊！她是那么渴望上升，她确实升至尘土之上，但肉体的体积还是重重地下垂并远离了她的灵魂。眼睛和鼻子毫无精神可言，但眼睛、嘴巴和下巴看似冷静，实则热情万分。这样的面孔一定不属于虚伪者。"

那么，在拉瓦特尔的眼中，什么是一个奉献的女性理想的外貌？怎样才能使一个女人有令人愉悦和真诚的外貌？回答这个问题并不容易。相面学家们一般将女性的面孔分为上、下两个部分。上半部分指的是眼睛、眉毛和鼻子的位置，拉瓦特尔认为面孔的这一区域是智慧和才智的居所。从一个人的眼神就可看出对方是否聪慧。最上乘的智慧要数女性"高贵的静默的智慧"，这种智慧通常表现在充满自信的成熟年龄段的女性身上（见图 1.5）。

拉瓦特尔比较喜欢女性面孔的上半部分，在他看来，比如女性的眉毛一定要看起来机敏。他也喜欢女性的眼睛能做到平视，既不上看也不下看，就如画像（见图1.5）表现的那样。一方面，他认为那些向上看的凝视者要被纠错，因为他将这种眼神诊断为虚伪者、幻想者或诱惑者的眼神。另一方面，他坚持认为女性面孔的下半部分最好柔和一点。拉瓦特尔能够判断出“一张轻浮的嘴巴”（*dümmlicher Mund*）或一张虚弱的下巴，但 18
这些并不与这些部位暗含的惊讶和激情等特点相冲突，他将这些特点通常归因于面孔下半部分的特点。

17

图1.5

约翰·卡茨帕尔·拉瓦特尔，《高贵的静默的智慧》（*Edle ruhige Weisheit*），1796年作。画作下的说明文字写道：“不带丝毫的陌生和僵硬以及脸颊两侧的伸展，单纯、柔和的侧面曲线形成的面孔轮廓中，有一种协调和简洁——这是智者的主要特点。眼睛里透出鼻子、额头、嘴巴和下巴所有的特征，代表一切的单纯、清澈、温柔、纯洁、善良、宁静的智慧和高贵。”

全部的阐释框架取决于面孔表现道德高度的程度。至纯（处女或母亲身份）和女性美之间的关系，在拉瓦特尔一系列的描述中表现得非常清晰，“单纯、清澈、温柔、纯洁、善良、宁静的智慧和高贵”。一名女性的外貌越是单纯，品质就越高尚，或者道德上越恰如其分，性格便越好。另外能从外貌判断女性性格的方法之一，则是奉献。作为牧师，拉瓦特尔判断的前提是这些男女必须拥有宗教信仰。不过，拉瓦特尔的性别偏好在他观察一个不信上帝的人的面孔时，表现得非常清晰，一个心中没有上帝的男人注定会生病，而一个心中没有上帝的女人则会成为魔鬼：[54]

> 没有宗教信仰的男人是一个生病的生物，尽管他会说服自己身体健康不需要去看医生；但是一个没有宗教信仰的女人，则注定是暴怒的和魔性十足的。
>
> 一个长了胡须的女人并不比一个行事和思想自由的女人看起来更令人厌恶，女性这一性别天生用来忠诚和信教；基督首先出现在她们面前；但他必须阻止她们不要太过性情热烈，或太过鲁莽地去急于拥抱他——别碰我。[55]

显然，这段描述说明女性不能自我行事，更不能独立于男性，毕竟后者才是世界上唯一自由的思想者。女性需要有比如“别碰我”这样的纪律约束。只有这样，她才不会被自己不道德的本能（这一点有可能受到了性欲的控制）征服。从一个人的脸上，可以判断出她是否有坚定的宗教信仰，或是闪烁着质疑的微光——而这些却经常被描述成皱着眉头或拉长了的前额。

偶尔，拉瓦特尔的阐释也会过于武断。从下图题为“我是冷漠的”[56]（*Jesuitische Kalte*）的肖像画中（见图1.6），我们看到的是一张眉眼没有眨动或丝毫看不出“怀疑”的面孔。不管怎么说，从这张看起来毫无任何伤害的面孔上，拉瓦特尔声称还是能够看出许多暗示。

虽然就如题为“我是冷漠的”的画像中表现的那样，拉瓦特尔的直觉完全是一种主观性的，甚至在区别美和丑的一套体系中也少有根据，但他这种将外貌归结于性别的判断却一以贯之。对于男人和女人来说，美和道德是两个完全不同的体系，但拉瓦特尔将女性的侧影描绘成美的象征的判断就不只是个巧合，因为女性的美已经连接到了她的“硬件”上：

19

图1.6

约翰·卡茨帕尔·拉瓦特尔，《我是冷漠的》（*Jesuitische Kalte*）。画作下面的说明文字写道：“前额并不深沉而是冰冷的充满理解力。眨动的眼睛清澈澄明，看不出有任何哲学的敏锐性——如果说有些聪明、富于诱惑力但难以被人引诱，那就是鼻子。嘴唇和下巴，冷漠而智慧。整张脸孔似乎缺少精致和爱。”

> 20 考虑和比较男女身体的内外组成，能让我们了解到，有人注定劳作和出力，有人却天生为了美丽和传播……女性的骨骼从臀部往上越来越纤细，随后又逐渐越来越圆润。[57]

拉瓦特尔对女性的看法与希伯来圣经《创世纪》的观点很是相似，他们都将女性看作“第二选手”，从男人处获得了生命，不过，拉瓦特尔的观点更接近《新约》中《哥林多前书》（*First Corinthians*，3. 12）对女性的看法，认为女性的作用在于装饰。拉瓦特尔应该是参考了类似的观点，“女人不是建造的基础。她们是金子、银子、宝石、木头、泥土和残渣”[58]。拉瓦特尔考虑的问题依然是“美与善”观念的其中之一。如何能让糟糕的事物看起来再美丽一些？假设男人的道德并不完善，他如何做到享有这些女性装饰物而又不被她们迷惑？下面的例子中，外表又一次为自己代言。在一幅题为“一个糟糕的妻子的卑鄙痛苦”（*Ignoble Pain of a Not-good Wife*）的画板上，我们从下面的描述中了解到：“糟糕的是，一个坏女人的鼻子却非常有智慧。眼睛、眉毛和嘴巴都表现出辛辣的尖锐和卑鄙的痛苦；一个肥胖的‘爱唠叨的老婆’，她的怒火便是大吵大闹和折磨别人。”按照拉瓦特尔本人的相面术规则，他遗憾地发现，这个坏女人的鼻子，是“大脑的基础或智慧的基石”[59]，并没有吻合其美丽的前提。

老女人、丑陋的老太婆、巫婆、恶婆娘或者邪恶的外婆——经常被看作长了一副吓人的恶魔面庞，她们的怒火在西方文化中由来已久。[60]娜拉·鲁克（Nora Ruck）对拉瓦特尔相面术理论中提及的那些异常和恶魔似的身体做了相关的研究。她指出，很大程度上拉瓦特尔并没有为魔鬼这一事实困扰；魔鬼并没有给予相面术的阐释很多帮助，这是因为魔鬼与自然的规则背道而驰。相面术的规则不能被很好地应用。而拉瓦特尔这样的相面术理论家们却为人的身体的某一个或多个部分与整体的不相和谐而烦恼。[61]拉瓦特尔最为看重的是人体的每一部分与整体的绝对和谐。这是他单一信念的结果，那信念就是"每一特点都暗含了一个人整体的性格特点，因为即使在上帝作品的最小部分中，也含纳了神的特点——每一个细小的部分都有整体的性情和特征。每一个体都在诉说真理，一种整体的真理[62]。

人们认为一名理想的女性身体要表现出和谐匀称，眼睛一定要直视专注，[63]面孔的所有器官也要对称。和谐与对称是拉瓦特尔女性特征的肯定性标记——母性、聪慧和奉献（这是女性 21
最需要拥有的外貌特点）。根据其个人判断，拉瓦特尔所谓的美妆的凝视，其关键要素就是简洁：

> 我持续的努力就是去简化。尤其要关注三件事情，那就是容貌的总体形式、组成容貌的各器官之间的关系以及这些器官的曲线或位置，这一切很容易用最简洁的标记表现出来。[64]

在拉瓦特尔的性别理论中，男（建造者）、女（装饰物）

之间横亘着一道严格的分水岭，在这样的基础上他们根本无法建立信任。外在是内在的体现，这正是两性致力于实现的目的——男性要成为供给者和执行者；女性要献身于贞洁、奉献和繁育。拉瓦特尔在一首名为《写给两性相面术关系的一句话》的诗中，说明了他的性别理论的本质：

男子磐石坚定，女人苇丝坚韧。
男子正直勇敢，女人百折不挠。
男子伟岸挺拔，女人婀娜婉转。
男子深思熟虑，女人草率决断。
男子严肃刻板，女人笑语欢颜。
男子高大宽阔，女人娇弱巧纤。
男子粗粝硬朗，女人柔荑温软。
男子皮肤黝黑，女人凝脂白皙。
男子皱纹多生，女人平滑如昔。
男子发直短稀，女人发密柔顺。
男子眉宇紧锁，女人鲜蹙蛾眉。
男人线条凸起若山字，女人侧影玲珑恰沟川。
男人棱角剪影多凌厉，女人从来圆润自丰满。[65]

拉瓦特尔用生动而有意义的隐喻对性别插曲的观察做了总结：“独身的男子只是半个男人；至少只是半个人。一个没有王
22 国的国王”[66]。有这么一个男人，他的王国奴役着多名女性，不管这些女性是否真情或虚假，他却总为女性的美貌所吸引。19

世纪对美妆的凝视引发的达尔文的两性关系进化论的观点，与拉瓦特尔的观点极为相似，诸如“男性比女性勇敢、好斗、精力充沛，因而比女性更有发明天赋”等看法，不过是些老生常谈。[67]用达尔文的表弟、骨相学创始人弗朗西斯·高尔顿爵士的话来说，“女性性格的显著特点之一，就是女子较为任性而忸怩，不如男子坦率”[68]。

下面的文字专门说明拉瓦特尔的相面术和性别理论如何主导了19世纪的欧洲文化，尽管拉瓦特尔对19世纪的体验仅有两天。他于1801年1月2日去世，正值法国占领苏黎世之时。

拉瓦特尔对19世纪文化的影响

到19世纪时，拉瓦特尔的观念已渗透到欧洲的文化、文学、艺术、医药以及新兴的社会科学等多个领域。[69]尽管弗朗兹·约瑟夫·高尔①颅相学方法论的基础只是聚焦于颅骨的骨骼结构，但人们对相面术的兴趣由于高尔颅相学的兴起而持续升温。在某种程度上激发了19世纪造型艺术的现实主义原则，也

① 弗朗兹·约瑟夫·高尔（Franz Joseph Gall，1758—1828），德国解剖学家和生理学家，颅相学的提出者，认为人的颅脑结构能够反映人的智力与性格的不同。——译者注

受到了相面术的启发，这一点可从巴尔扎克①、普鲁斯特②、爱伦·坡③、王尔德④和艾略特⑤等作品中对人物性格的相面术描述得到证明。

我们可将拉瓦特尔和德国催眠术科学家弗朗兹·梅斯梅尔（Franz Mesmer）（催眠术就以其名字命名）直接对比，主要因为他们都对19世纪的发现，尤其是催眠术与意大利炼金术大师亚历桑德罗·卡格里奥斯特罗（Alexandro Cagliostro）进行了研究，并以此打下了基础，他们所有人都从18世纪晚期的反理性思潮中汲取了营养。[70]由于启蒙理性主义整体上反对迷信和神秘术，到拉瓦特尔做出一定贡献时，相面术传统实际上已经失去了部分发展动力（这一点在之前讨论“美与善”观念的新柏拉图主义的复苏时有所提及）。蒙田⑥就用苛刻的言语表达过他的

---

① 巴尔扎克（Honoré de Balzac，1799—1850），法国小说家、剧作家，被誉为现代法国小说之父，欧洲批判现实主义文学奠基人，著有《人间喜剧》《驴皮记》和《高老头》等。——译者注

② 普鲁斯特（Marcel Proust，1871—1922），法国小说家，现代派和意识流文学的先驱，著有《去少女们身旁》《追忆似水年华》和《欢乐与时日》等。——译者注

③ 爱伦·坡（Edgar Allen Poe，1809—1849），美国诗人、小说家和文学评论家，美国浪漫主义文学思潮代表人物，著有《厄舍古屋的倒塌》《黑猫》和《乌鸦》等。——译者注

④ 王尔德（Oscar Wilde，1854—1900），英国作家、艺术家，唯美主义代表人物，著有《道林格雷的画像》《温德米尔夫人的扇子》和《莎乐美》等。——译者注

⑤ 艾略特（T. S. Eliot，1888—1965），英国著名现代派诗人和文艺评论家，后迁居美国，与诗人庞德等发起美国意象派诗歌运动，著有《荒原》《圣灰星期三》和《四个四重奏》等。——译者注

⑥ 蒙田（Michel Eyquem de Montaigne，1533—1592），法国人文主义思想家、作家和怀疑论者，著有《随笔集》《蒙田随笔》和《蒙田意大利之旅》等。——译者注

怀疑主义，他这样写道，“一个人的面孔不值得被信任，不管怎么说，要认真考虑才是”[71]。尽管如此，拉瓦特尔的努力还是为受到污蔑的相面术科学恢复了一定的权威并广受欢迎。当然，23 一方面，他的成功有几个原因，包括他的市场营销能力（作品被做成口袋书就是例子之一），善于捕捉时代的精神，以及其早期著作版本的质量，其中附有大量他亲手绘就的插图。另一方面，拉瓦特尔的宗教背景尽管受人质疑，但也有助于他被某些圈子接受。正如露西·哈特雷（Lucy Hartley）指出，拉瓦特尔相面术的问题，在于他将宗教的范式运用到了科学研究的内容之中。[72]

在克劳迪亚·石默尔德（Claudia Schmoelders）为阿道夫·希特勒的面孔所作的相面术传记中，她就在拉瓦特尔的相面术眼睛和关注面部的特写中发现了重要的历史联系，并直接影响到摄影术中著名的“证据要求”说。[73]按照石默尔德的观点，相面术大师将一个人的耳垂朝向脸部的特点诊断为犯罪性格的证据，这一点可以看作后来的龙勃罗梭①医学、犯罪学、摄影学和刑事人类学派的先驱。[74]石默尔德认为，从1780年到1914年，相面术学家们希望从一个人的外在特征来说明他的内在优点（或犯罪特征），已经取得了很大的进步。步子虽然缓慢了些，但可以确定的是，相面术学科最终征服了科学和司法领域（包括人类学、精神病学和种族理论）。文学也在很大程度上受到了相面术的影响。石默尔德指出，拉瓦特尔的视觉相面术——我

---

① 龙勃罗梭（Cesare Lombroso，1836—1909），意大利犯罪学家、精神病学家，刑事人类学学派的创始人。运用人类学的测定方法作为研究精神病犯罪者和其他犯罪者的研究方法，重视对犯罪者的病理解剖、头盖骨和人像的研究。——译者注

愿意将龙勃罗梭刑事人类学的尝试和纳粹的种族优生学实践都包括在内——是一种“相面术向下方的延伸”[75]，可被用来识别罪犯和病人，因为这些人与健康的人体规范刚好相左。但是，文学却在另一方面通过赞美一个人外在的各个方面，将视觉的特写转换成为修辞的特写，或者说服读者相信人物的善行和缺陷，从而将美妆的凝视的能力经常转变成一种“相面术向上方的延伸”。

擅长“相面术叙述”的文学大师之一是马赛尔·普鲁斯特。比如在他的《追忆似水年华》（*Remembrance of Things*，1913—1927年出版）一书中，回忆斯万（Charles Swann）遇上奥黛特（Odette de Crécy）那一幕时，普鲁斯特显然希望风流的斯万爱上这个女人。斯万虽然没有“看到”奥黛特的美貌，却为奥黛特脸部的不协调所困扰：“她的侧面轮廓过尖，皮肤太过紧致，颧骨太高，整张脸部太过紧凑，一点也不吸引斯万。她的眼睛
24 很漂亮，但大眼睛似乎承受不了眼眸的重量而有些下垂，从而拉长了脸部的其他部位，使她看起来并不健康甚至说情绪似乎还很糟糕”[76]。斯万从奥黛特不甚和谐的面庞，推断出她可能有一种“坏情绪”——这种情绪或具有这种情绪的面孔，让他不太喜欢奥黛特。

在下面的文字中，我们可以看到，肖像画家和相面学家的眼睛实现装饰性凝视的能力，以及一具更好、更美的身体被“外包”给一个除肉眼以外的器官。人类的眼睛被摄影的和相面术的眼睛所取代，这样的眼睛通过精确的测量来证实人体，得出相对肯定（而非直觉）的结论，这些结论具有法律地位，并且对“客观”的真理具有更强的权威性。

达尔文的相面术、优生学和客观性的快照

对于拉瓦特尔来说，人的本质是灵魂，身体则是灵魂的镜子，但是19世纪越来越多的科学家认为身体才是人的本质。弗朗西斯·高尔顿爵士就是其中一位。作为查尔斯·达尔文的表弟，[77]高尔顿爵士为人所知的是他在统计学、双胞胎研究、指纹提取术以及合成人像摄影法方面的成就，当然还有他命名和定义的“优生学”。[78]高尔顿的工作与拉瓦特尔正相反，尤其是高尔顿表现出他在相面术方面的抱负之后。高尔顿受达尔文观点的启发，在他1869年的著作《遗传天才》(*Hereditary Genius*) 中，就开始证明人的器官并非神定而是代代相传。对于高尔顿来说，性格和智力与人的生物特性一样是可以遗传的，这一点与拉瓦特尔一致，是发现人的面孔上隐藏的性格本质的关键。

高尔顿出生的时代对于拉瓦特尔来说科技发展前所未有，显然高尔顿对绘画的方法论价值产生了高度怀疑。他认为人的面部特征存在着大量的区别，仅凭肉眼根本无从测量其中的细微差别。对面孔的描摹可能会解释所有的面部特点，但拉瓦特尔关注的面目特征始终有限。从他的《人体器官及其发展的调查》(*Inquiries into Human Faculty and Its Development*)中记述的一段插曲，便能了解高尔顿推测出的观点：

> 25 我最近观看了一个优秀的艺术家的绘画过程，试图估计他所用画笔的数量，他每一次运用画笔时都认真思考且用笔坚定。他连续 15 次坐在画架前且每次工作 3 个小时——也就是说，连续 45 个小时，或者说 2700 分钟之内——他平均每分钟运用画笔 10 下。因此，在一幅完成的肖像画中有 27000 个独立的特点被画出，且按照他的观点，我并不是说一定要一模一样，而是相当多的单位与原作相似。[79]

高尔顿显然是将特点看成了整体中最小的单位。因为人的面孔由许多单位组成，一张油画或者一张素描有可能会取得真实的同一性。素描，是对一个人肖像的速写，可以表示一个人但不能说一定与本人相同。考虑到所有的面部特征加起来才能表明一个人真正的性情，那么，对于高尔顿来说，询问一张面孔和用作科学研究的复制品之间的同一性为何极其重要，这一点便有了关联。为了克服肖像画隐含的困难，高尔顿求助于一种他认为较为客观的技术——摄影术。[80]将这种技术选择置于媒介—理论的语境中，对于高尔顿来说，相机成了技术的客体，借此他便确立了他本人对一个人容貌的“科学的凝视”。当然，借此我们也有理由认为能将我们的凝视和我们对高尔顿归类法的信任统一起来。[81]换言之，凝视就成了相机，一种具有“将我们放进图片里”的功能性机器。[82]

这就是高尔顿的计划——将一个人的有效再现放进图片里。但是，这不过是一系列步骤的第一步。高尔顿一直在寻找族群识别的方法，族群成员有着相同的遗传原材料。高尔顿的合成人像摄影法要先对群组成员进行识别，分析他们的隐含性情（如罪犯），接着对每一个成员在同样的视角（如正面照）和面部光照条件下拍摄成像。这些照片要一张接一张地拍摄，通常曝光时间要求相同，并且保证每一张照片都要拍好。不像拉瓦特尔的读者需要了解他在绘画时的自然情绪，高尔顿的读者则要掌握整个过程的 6 大步骤：

> （1）我收集不同人的摄影肖像，所有人都要在同样视角（如正面照）和同样的光影条件（比如光线都从右侧射入）下被拍照。（2）我将他们的摄影肖像处理成相同的尺寸，靠五官上任意两个方便的关联点之
> 间的距离来调整尺寸。（3）我将这些肖像叠加成一本 26
> 连续翻页册子，以便每一张肖像的五官能被准确地叠放，一张接一张，眼睛叠在眼睛上，嘴巴叠在嘴巴上。（4）我将这本书挂在墙上，方便我连续翻页，并且来回翻的时候每一张肖像都要平坦和完全暴露出来。（5）我调整相机的焦距，对准这本书，将其固定后再在里面放上感光板。（6）我开始一页接一页地拍摄，不能移动相机，只有翻页的时候才盖上镜头，这样连续的肖像形成的图片就被投射到感光板的相同部位。[83]

合成过程的结果就是得到了一张平均的五官，用来证明“其中所有一致的特点，留下的不过是单个怪癖的痕迹鬼魂”[84]。

高尔顿没有想到的是，绘画和摄影都可参与到他们制造的视觉现实中来。按照他的观点，摄影的图片虽然质量上并没有多大不同，但比手绘的图片要精确很多，毕竟摄影图片可以描摹更多的面部特点，因此可以取得更多的相同性。

高尔顿的人工合成肖像摄影法[85]至少有 4 层用途：可以创造种族类型学；可以将父辈的平均脸型与他们子孙的脸型对比；可以模拟历史人物最可能成为的形象；可以揭示一个人的真正个性。高尔顿提出摄影术要比绘画强很多，它可以捕捉到一定时间内既定时刻的单个表情。人工合成肖像摄影法通过呈现一个人天生性格的本质，成了一门真正的相面的技术。到《人体器官》（*Human Faculty*）这本书问世时，高尔顿已经开始研究诸如亚历山大大帝的五官、家庭肖像以及有关“健康”和“不健康/犯罪”类型的肖像了。

高尔顿并置了一组肖像，它们分别是“健康型”“疾病型”和“犯罪型”。健康型肖像包括官员和皇家工兵中的二等兵。高尔顿从这些合成肖像中推断出“一种相当有活力、坚定、聪明和坦率的表情”[86]。他还从这些面孔的五官中总结出包括小偷、谋杀者和其他一些重刑犯的罪犯特点。高尔顿对这些合成肖像评价说：“这些个体的面孔已经足够恶毒，但恶毒的方式各不相同，一旦彼此组合在一起，单个的怪癖便会消失不见，保留下来的只有低级类型中的共同人性”[87]。根据娜拉·鲁克（Nora Ruck）的观点，[88]健康型和罪犯型或低级类型的划分，再现了一
27 种想象中的钟形曲线的两极，可以用来勾勒出“不列颠人种”的特点。高尔顿相信每一人种都有理想的脸型，所有的个体脸

型在此基础上构成并以较小的差异稍稍偏离这个基础。健康型的肖像一般展现出人们所期望的偏离平均值的特点，而罪犯型的肖像则正好代表了大家都不想拥有的偏离。

拉瓦特尔虽然发现世界上的很多性格特点都可转化到一张“内在的屏幕”上，但他这种依靠直觉的方法，表面上看属于一种描述性，而高尔顿的程序则从一开始就是一种说明性的。因此，高尔顿勾勒了一个社会政治计划，试图创造一个将不正常身体排除在外的世界。从某种程度上讲，拉瓦特尔相信神的创造者有着无可争辩的意志，使得他很难从相面术观察中得出关于社会政治的结论。在他之后的一个世纪里，也就是在欧洲科学出现达尔文转向的期间，高尔顿才能公开面对宗教的权威得以宣告，人“应当更多地将自己看作自由人，拥有塑造未来人类发展过程的权利”[89]。他采用了意思上指的是“出身良好”或者“在遗传上被赋予了高贵品质”[90]的希腊语“eugenes”，并生造出一个术语“eugenics”，用来描述进化的过程如何被积极推 28
进。实际上，希腊语“eugenes”与经典希腊时代表示“美与善”的词汇“kaloi kagathoi”属于同义词。优生学的目的旨在对一个既定的物种进行改良。这个术语也强调了高尔顿相对宗教世界观所提出的概念其本身具有生物学的特性。就在1904年，也就是20年后，高尔顿宣告说优生学是不列颠种族的一种新的宗教，需要3个步骤将其确立：

> 第一，一定要将其作为学术问题熟悉并了解，直到其确切的重要性为人理解并作为事实为人接受。第

二，一定要认识到作为一门学科其最近有望得到实际发展，需要我们认真考虑。第三，一定要将其引入民族良知，就如引进一种新的宗教那样。确实，它强烈要求成为未来一种正统的宗教教义，因为优生学与自然机制结合起来便能确保人性以最适合的种族来代表。[91]

和高尔顿一起，拉瓦特尔的善恶观以及善恶与美丑的联系经历了进化论语言的一次翻译。以前被判断为善的事物，现在得到了很好的调整，而恶也得到了恶的调整。只要高尔顿将身体看作潜在品质的一种表达，那么他的工程就仍旧是一种相面术的工程；然而，高尔顿的身体不再表现一个人的“灵魂”或“性格”，相反却揭示了身体构成者的“硬件”，暗示了身体基因的深层结构。[92]

对于高尔顿来说，优生学的宗旨就是以最好的标本来代表每一等级或种族。他相信不列颠种族的优越性，对其他种族没有特别的兴趣。在他看来，与其同时代的普通英国人实际上并没有按照他希望的那样很好地调整并适应环境。这个问题的解决方案，关键在于用人们希望的偏离特点来补充给平均类型——健康型。为了达成目的，从优生学的角度考虑，高尔顿建议废止不合适的婚姻而鼓励恰当的婚姻。高尔顿尽管没有推进一种为人所知的负面优生学（削减基因有缺陷的人的生育能力或者将那些被认为有异常的人进行集体屠杀），但他的确为法西斯政权通过激进的种族清洗计划从而消灭那些所谓的“不适者”，确立了一定的基础和相关的术语。

按照莎罗纳·珀尔（Sharrona Pearl）的观点，[93] 19 世纪内在 29
性的转向并没有完全去除相面术的法则。相面术在 19 世纪的英国一直受人追捧，其中高尔顿的合成肖像摄影法就是很好的例子之一。直到 19 世纪末，这个热度才有所下降。从此以后，相面术要么以“激进的外在性”，要么以“激进的内在性”表现出来。前者大多表现在人类学家和优生学家采用的分类方法上（比如颅骨测量）。与拉瓦特尔式的相面术构成有所不同，世纪之交的人类学研究以及优生学上表现出的激进的外在性话语，更多关注的是集体的视觉分类，目的在于大力宣扬一种实在的或已建构的群体。另外，激进的内在性话语，则完全将相面术法则进行了翻转。

还是回到凝视这一问题上，如果将凝视与投射善恶性格特点意象的文化屏幕关联起来，我们可以说，拉瓦特尔是基于基督教新柏拉图的世界秩序，将这些意象映射到了一个内在化的规范屏幕上，而高尔顿则将意象的建构过程外在化于摄影术的“理性”机器上。虽然拉瓦特尔为他直觉的判断能力而自豪，毕竟这种能力要通过表述、描摹以及全部的人类知识才能获得，但高尔顿非常担心主观判断会产生一些不可避免的错误，因此才将信任赋予一个“他者”（也就是一台机器），从而做出最终的判断。然而即便到最后，这两个人的世界观都没有一定程度地损毁人的高贵性，倒是高尔顿的同代人，意大利精神病分析学家和刑事人类学家龙勃罗梭彻底破坏了人的高贵性。

异常躯体：罪犯+女人=怪物[94]

根据米歇尔·福柯的观点，从整体上来讲，人的躯体从古典时期开始，就已经被全面地规范和界定，受控于规训的权利或福柯所谓的“生命权利”（biopower）[95]。福柯在很多书中都有所提及的关于生命权利产生的故事，也是一个将传统意义上被标识和排除在外的躯体纳入社会正常性的故事。就福柯提出的“监狱社会”（carceral society）的例子来说，作为社会认可的执行司法形式的监狱，其产生并“不能消灭罪行”，反倒“极其成
30 功地制造了犯罪”[96]。基于这样的历史，行为和躯体上的异常便被逐渐合并、映射，并作为严格的常态谱系的一部分而最终被控制。尽管高尔顿确立了罪犯自然化的基础——道德和身体异常的自然化基础，然而罪犯的生物决定论，却要等到意大利精神分析学家龙勃罗梭在 19 世纪晚期建立刑事人类学学科，才成为一个广为人知的概念。身为医生的龙勃罗梭，最感兴趣的是罪犯和疯子的“异常”（abnormal）心智和躯体。在他看来，违法行为首先是生物学的结果，其次才是心理和社会因素导致的结果。在他试图全面解释罪犯和其余社会“正常”群体的天然偏离时，龙勃罗梭援引了“返祖”（atavism）的概念，返祖指的是人在进化过程中出现的向更原始或更低级阶段的倒退。由于坚称天生的罪犯代表的是人类进化过程中的低级阶段，龙勃罗

梭声称罪犯与原始人、野人、“类似女人、意大利南方人或非洲人等‘劣等’族群中”[97]的成员存在共同的特点。正如拉瓦特尔提出的从上帝到人类的低级形式中存在着伟大的链条一样，用龙勃罗梭自己的返祖术语来说，罪犯是最接近这一伟大链条中的动物。龙勃罗梭对 19 世纪晚期欧美正开始引起人们焦虑的群组做过研究后得出结论，女人、非白人、穷人和孩子，在身体、心理和道德上，均劣于白种男人。

早龙勃罗梭 100 年，就有位哲学家切莎雷·贝卡利亚（Cesare Beccaria，1738—1794）在他的《犯罪与刑罚》（*On Crimes and Punishment*，1764）一书中生造了“罪犯的自由意志”这个概念。对贝卡利亚来说，刑罚不是复仇，而是创造更加美好社会的一种手段。他采用的主要论述术语就是不管此人是否为罪犯，都具有属于个体的“自由意志”（free will）。刑罚的目的应该是阻止社会成员犯罪，并且防范他们重复犯罪。而对龙勃罗梭来说，任何处罚都是针对个体而非针对犯罪本身的刑罚。贝卡利亚相信生物决定论，他坚持认为罪犯身上缺乏自由意志。不同于贝卡利亚主张“终身监禁”而诅咒死刑的倾向，龙勃罗梭选择的是从社会中彻底清除罪犯，包括剥夺他们的生命。因此，在龙勃罗梭那里，包括死刑在内的任何针对罪犯的处罚，都是社会保护自身免于返祖倾向的方法。

在《犯罪的男人》（*Criminal Man*）（初版于 1876 年发行， 31
最后的第 5 版在 1896—1897 年出版）这本书中，龙勃罗梭声称他收集到了一些可信的证据，可以证明原始人的躯体特点能够重新出现在一个天生的罪犯（delingquente nato）身上，因此这个人具有“罪恶倾向”[98]。类似的躯体特点包括以下几种：前额低矮和倾斜；鼻窦、下巴和颧骨较为宽阔；下颚突出（下半张脸如类人猿似的向前突出）；眼眶大而倾斜；皮肤颜色略深；头发浓密卷曲；耳朵大而凸出；手臂较长等。[99]根据他的返祖理论，龙勃罗梭发现上述特点在黑人和蒙古人种那里，也就是史前人的身上表现较为突出。基于解剖学倾向（如小头或畸形小头），龙勃罗梭举例发现，从来自卡里布里亚的维莱拉这个男性罪犯身上，可以辨别出几大犯罪性格特点——缺乏道德和情感情绪、懒惰、罕有懊悔和远见、极度虚荣和易怒暴躁。最令龙勃罗梭好奇的是，如果罪犯维莱拉的暴力激情算是一种“内在的”特点，那么社会到底该如何惩戒或处罚他？

将类似女人和黑人等解剖学意义上的人体归类为“生理上异于”白人男性的“劣等”群组。运用这样“科学方法”的人并不只有龙勃罗梭。颅相学——主要研究大脑由不同器官组成的机制（不同流派对器官的数量有所变化），这些器官控制人类行为的某些方面且在不同人种中发育得也千差万别——在龙勃罗梭《犯罪的男人》这本书出版时，这一观点已广为传播并得到运用。

比如塞缪尔·R. 威尔斯（Samuel R. Wells），这位颅相学客座教授，在美国的多次巡回讲座中都分析了人的头颅。[100] 1871年，他在纽约出版了一本插图本的颅相学和相面术教科书。威尔斯指出，某些人种，尤其是高加索人，就已经拥有最高级的颅骨，是众多高级人类器官的宿主：

> 不同种族和民族的颅骨在形状上有很大差异，这些差异与人们了解到的性格差异在很大程度上有所呼应。就高加索人来说，他们的前额突出而高大，脑部冠状区域突出，而后脑勺则适度突出……这些都表明他们拥有超强的智力和强大的道德或精神情绪以及已适度发展的习性。高加索人脑部中主导欢快、理念和勤勉等的特殊器官发育得尤其突出，这些功能器官可将高加索人和其他落后人种直接区分开来，因为这部分器官在原始人和野蛮部落人的大脑中比例相对较小。[101]

威尔斯竭力避免得出上述引文隐含的结论——女人、黑人 32
或印第安人的颅骨产生了劣等或潜在的犯罪性格。他一再强调，不要认为“某一人种或族群在智力上有显著超越其他人种或族群的优势”[102]。但他的语言选择还是另有所指。他描述高加索人前额的词汇，相对正面，如“突出”和“高大”，而描述北美印第安人和黑人前额的词汇，则负面一些，比如“下半部分尤其宽大、突出，有向后凹陷的倾向”[103]。例如，他将两个前额的特点就说成：“如果一个人前额的下半部分较突出，则此人的感觉力较强；如果前额的上半部分占比最大，则此人更有思辨力，
不过观察力则稍弱，即哲学思维多于科学思维——更具理论思 33
考能力而非实践能力。”[104]仔细来看，威尔斯还是试图控制读者的想法。事实是，“有哲学倾向的人物”的图像通常会被画上胡子或一副眼镜，这表明威尔斯的归类并不客观。相反，这些人

物的画像通常会做前后对比，这种做法在今天的整容业非常普遍，总的来说，都受制于形象控制。[105]

34 尽管颅相学和刑侦人类学对罪犯或异常躯体的解读方法有相似之处，原因在于两者都试图寻找到受进化刺激的硬性证据，但龙勃罗梭尽力让自己与一个颅相学家区别开来，他认为颅相学家过于重视“质量决定论”[106]，实验也不充足，过于依赖人体测量学的方法。[107]虽然龙勃罗梭非常感谢人体测量学，称人体测量学为“形而上学的救赎方舟和研究人体者最为珍视的先验系统”，[108]他也特别喜欢颅骨测量法，但最终这些方法还是让他期望落空：

> 龙勃罗梭期望能从活体或尸体的测量中发现犯罪危险性和人体的普通特点，如身高、体重、四肢的比例以及颅骨容量等之间的联系。然而，除非用作识别特别危险的个体，他的许多研究仅揭示出上述联系中的一些细微差别。[109]

尽管龙勃罗梭批判了被粗心的科学家滥用的测量方法，但他也坚持使用。他声称自己和这个领域的权威们有所不同，“这些都源自一个事实，那就是测量时正常和异常标本之间的变化非常微小，以致除了最为丰富的研究之外，其他研究都无法得出结论”[110]。截止到 1896 年，龙勃罗梭共对包括法、德、意三国的 6608 名罪犯进行过测量。我们只能将龙勃罗梭对测量的着迷看作他一直在寻找某种东西。霍恩（Horn）指出，在龙勃罗梭的符号学里，躯体是符号的载体，代表了诸如返祖或社会危险的某种意义。尽管这些符号和行为之间并没有必然的因果关系，但对龙勃罗梭来说这非常重要，因为这些符号能够预示犯罪行为。身体之间的差异是一种预示符号，对龙勃罗梭这样的精神分析学家尤其如此，医生可能将其看作某种“标识”，因而定义为一种潜在的危险。龙勃罗梭几乎就是一个神秘的解码者，这位符号学家竭力要做的是读懂人体，发现人体与人的性格特点之间的关联。但是，也正如霍恩指出的那样，[111]龙勃罗梭的目标并非仅仅是识别罪犯，就如高尔顿的合成肖像摄影法所致力实现的那样。他更感兴趣的是一种危险信号学，也就是关于一个人潜在的错误或偏离的事实，可辨别这些病理症状的可能性。

实际上，龙勃罗梭在某种程度上也是文化的产物，这一文 35
化受古代“美与善”规则的启发，又在龙勃罗梭的著作《犯罪的男人》成书前不到 100 年时为克里斯托弗·威兰德（Christopher Wieland）所复苏。如何简单区分“一个自由高贵的人”和“一个奴隶且具有人形的动物”，威兰德这种基于社会经济的考量，又得到人体测量学的数据以及进化生物学和心理学研究发现的进一步丰富。可以说，龙勃罗梭对美妆的凝视，也因此注入了两种不同的话语体系——根据“美与善”的规则，解读人的面容，再将对人的面容的解读与 19 世纪生物学和心理学的研究发现结合起来，包括隐含在新科学权威和真理信仰之中极度愉快的情绪。通过对龙勃罗梭刑事人类学的驳斥，笔者已表明更倾向认同霍恩的观点，与其“将 19 世纪或 20 世纪犯罪身体的种种科学研究看作一种伪科学”[112]的解释，不如说它是反生产力的。相反，我们必须要将龙勃罗梭对罪犯真实躯体决定论阐释的文化背景以及他开展研究的那些残疾人一并考虑在内。

龙勃罗梭的这种似是而非的“正常”与“不正常”的理论，在他对女性罪犯所做的人类学记录中体现得非常突出，而这样的研究，其影响力要一直持续到20世纪70年代。[113]对龙勃罗梭来说，女性气质存在着潜在的病理性，在最低级的返祖主义进化阶段，很容易演变成一种怪物性。但是，即使最好的和最值得信任的女性特点，也仍然值得质疑，因为漂亮的伪装会掩藏龙勃罗梭一直竭力发现并受其驱动的某物。龙勃罗梭似乎曾经怀疑过女性的病理特征可能具有隐蔽性，她们的犯罪特性也可以于任何时刻被引爆。由于生理构造的不同，女人似乎在任何时间都能将身体交给男人，从而将自己变成“与天生的男性罪犯同为一丘之貉的妓女”。[114]

在《犯罪的女人》(*Criminal Woman*，1893）一书的序言中，龙勃罗梭将女性与男性结合起来，分析了女性到底处于进化阶段的何种位置，他的分析非常清晰：“在人这个种群中，女性在青春期之前看起来与男性差不多或者还略胜于男性——不仅身高和体力，即使智力也与男性持平，但女性会逐渐地落后，留下她们早慧的证据。这一现象即使在某些劣等种群中也算得上两性判断的标准。”[115]使用“看起来”（appear）这一词汇，显然表现了龙勃罗梭对女性的深度怀疑。她们似乎只是看起来高级
36 罢了，但事实并非如此，毕竟女性气质（拉瓦特尔一定会愿意加上这一条）不仅是一种伪装，能够阻止她们接近真正的神的

奉献（拉瓦特尔也这么认为），而且也掩盖了她们的滥交性。在“动物界的雌性”这一章的讨论中，龙勃罗梭专门强调了这一事实，某些雌性动物尽管确实优于雄性动物（比如雌蜘蛛家隅蛛），但“雄性在解剖学结构上几乎总是优于雌性”[116]。龙勃罗梭解释说动物界的“雌性优越性”是保证物种生存的前提条件，因而这一特点与繁衍中存在的“必要性的恶”可谓息息相关。因此，在龙勃罗梭提出的存在的女性链条（female chain of being）的最底端，所有女性都会表现出滥交或混乱的性行为，这一特点无疑将女性等同于罪犯或妓女。尽管拉瓦特尔写过一首颇令人喜欢的“性别诗”，而在他的诗中，性别差异被看作肯定的补充性的两极（“男子磐石坚定，女子苇丝坚韧”），但在龙勃罗梭关于性别差异的叙述中，男女却彼此相同，尤其在进化的低级阶段（犯罪或返祖阶段）。换句话说，原始人和犯罪者之间并没有显著的两性差异，而两性差异却正是龙勃罗梭认为文明人必备的基本特征。对两性差异的坚信，使得龙勃罗梭开始区别对待男女两性的犯罪。他坚持认为，“‘美丽的’（beautiful）这一词汇对于两性来说意思有所不同，并且在女性那里这一词汇并没有独特的意思”[117]，这是因为男人挑选女人时一般考虑的是女性的美貌，而“女人却因敏感性的缺乏并不欣赏美貌”[118]。通观《犯罪的女人》一书，龙勃罗梭持续援引白人男性作为衡量的尺度，先是与他们相对，来定义正常的女性，接着又将这一定义引申到女性罪犯。龙勃罗梭依靠大量令人好奇的资料组合，包括其他人类学家的研究结果、历史逸事，以及从文学、绘画和谚语中拈来的例子，[119]声称运用了适当的论证和实验数据，可以证明与男性罪犯相关的女人并非女罪犯，而是妓女。龙勃罗梭再次将这种情况和返祖现象结合起来，于他而言，既然最野蛮的女人基本上是妓女，那么，她们想必一定为男性意志所奴役。虽然犯罪的男人身上有一系列身体退化的符号标记，但他们在龙勃罗梭眼中，也比正常的男性看起来要丑陋，但如果换成是妓女，情形就未必如此：

> 在妓女身上我们看到的是青春貌美的女人形象，其中那些“魔鬼美女”，肤色丰润光泽，看不到皱纹，她们几乎将所有的反常都掩盖在面具之下……很肯定，化妆——妓女这一可悲行当的真正需求——减少了女
> 37 性罪犯公开暴露出来的众多退化特征。我们发现五官精致和表情仁慈在此非常有用——一种真正的达尔文主义现象。[120]

就拉瓦特尔而言，此处便是美貌作为伪装的理论。由于女性在性别选择的竞争游戏中经常作为欺骗者，天然地就被赋予了“撒谎本能”[121]，她们善于掩藏自身道德和智力上的不足。对龙勃罗梭来说，妓女尤其喜好化妆或使用化妆品：“谎言经常被女性用作性战斗的武器”[122]。不过，龙勃罗梭认为，相对男人的犯罪性来说，妓女远不够恶毒。他在序言中甚至写道，“当然，我一开始就要清晰地说明，对于社会，对于比起那些生来就是罪犯的男性来说，她（女性）的麻烦和危害并不太大”[123]，并且妓女行业“如果不是因为男人的邪恶根本不会存在，毕竟这是

一个有用却无耻的出口”[124]。

除了测量人的头部和身体之外，龙勃罗梭还使用他收集到的全世界罪犯的图片。高尔顿依赖摄影术是为了运用“画报统计学”[125]的方法重新创造平均类型的“真相”，龙勃罗梭运用摄影术的方法却很是不同。《犯罪的男人》这本书的第 5 版，主要特色为使用了图册（Atlas），收录了大量犯罪类型的插图和摄影。遍布全球的同行都将他们收集的图片送给龙勃罗梭，目的在于丰富这位刑侦人类学家的主数据库。当然，他本人也从报纸和期刊中复制过许多图像，比如《纽约警察》（*The New York Police Journal*）就允许他“研究英美罪犯类型”[126]。对这些图片进行评论后，龙勃罗梭总结说，“罪犯类型给人的冲击力如此之大，迫使我们不得不思考有些侧影是否是同一个人的不同镜头”[127]。

尽管这些面部类型千差万别（事实是我个人认为他们表现出一定相似性，而这些相似性更多地表现在人的面部毛发而不是解剖学意义上），龙勃罗梭声称这些天生的罪犯（尤其是杀人犯），在下列异常特点上表现出相像之处——下颌宽大、胡须稀少、鼻窦扩大、眼神游离、毛发浓密、兜风耳。此外，他还列举出如非对称、女性气质、前额倾斜以及下颌突出等罪犯共有的特点。[128]不过，正如霍恩指出的，龙勃罗梭的图册不过是个体罪犯的部分文献罢了。其他学者，如法国执法官、生物统计学

39 家、人体测量学的提出者阿方斯·贝蒂荣①在龙勃罗梭之前早已对他生造的术语“信号学”[129]中的逃犯进行归类。龙勃罗梭一直试图从人的面部皮肤之下读出蕴含的人的（坏的）性格特点。他并非简单地将这些特点归类，或仅满足于数学平均值的计算，尽管这一点高尔顿也有类似做法，他本人还曾将那些声称不算突出的相似处一一列举了出来。如果真有平均值的话，以他对不正常人的窥视癖研究来说，根本满足不了他，因为他一直观察的是那些逃犯，是那些并不普通的人。正如霍恩所说，“准确地说，由于‘类型’指的并非普通人，有必要把这些危险人物头部和面孔的照片相乘，而不是简单折叠或叠加，尤其要特别关注和解释他们之间具有的家族相似性和癖好差异性”[130]。

高尔顿和龙勃罗梭都相信类型的固定化，许多相面术的凝视，尽管有差异，全部都被固定化了。尤其是龙勃罗梭，他在凝视中还含有危险的歧视。两位科学家由于对排除社会中异常人（deviant）的负责，他们的内心都希望去除那些人们不希望有的社会因素。龙勃罗梭总结说，异常人是一种社会全体成员“共生”中的必要邪恶，原因在于这些生来为罪犯的人“并非用来毁灭，而是用来改善社会秩序的”[131]。相面术的能力和极权社会的政治议程一旦结合起来，终将导致社会致力于清除“异端分子”（deviance）。在德意志纳粹德国时代，纳粹分子就将高尔顿和龙勃罗梭规范性的相面术凝视转换成了对其时代的所谓残

---

① 阿方斯·贝蒂荣（Alphonse Bertillon，1853—1914），法国犯罪学家和生物统计学家。曾任巴黎警察机构罪犯识别部门的负责人，发展了一种被称为人体测定学或“贝蒂荣识别法”的罪犯识别系统，包括一系列细致的身体测量，迄今在全球的警界，还被公认为“指纹鉴定之父”“西方刑侦技术的鼻祖”。——译者注

疾身体——犹太人的身体的灭绝。尽管高尔顿和龙勃罗梭从未 42
将他们的理论工具化，用以服务那个导致大屠杀的集权主义意识形态的全面种族理论，但是他们与纳粹的理论目标终究太过相似，都是为了试图创造出或者保存“一个最优良的种族”而进行服务。而致命的是，到了 20 世纪，相面术两百年来一直在努力的规则与重新复苏的“美与善”的古代范式，再次被人为地结合起来并重新启用。

纳粹德国时期异常人的甄别与改造

高尔顿和龙勃罗梭对人的面相的规定而非描述的计划，在纳粹德国被继续推进。而那个被同代人称作“种族金瑟”（或种族教主）的汉斯 · F. K. 金瑟（Hans F. K. Günther），其种族理论在纳粹德国更是影响深远。金瑟的“种族科学”在 1930 年发表，但在 20 世纪 20 年代的德国，相面术思想受到视觉媒体尤其是移动图像发展的影响，并得到促进。[132]同时，20 世纪上半叶也充斥着“德国面容”的意象和对其的赞美，同时还有几大固定类型被抽离出来用作日耳曼人的遗传物质——金发或总体上的“漂亮类型”，包括发色、眼睛和皮肤颜色。在德国摄影师恩娜 · 伦德瓦伊-德克森（Ema Lendvai-Dircksen）的系列图画书《受日耳曼人欢迎的脸孔》（*Das germanische Volksgesicht*，1942）

中，她在关于法兰德斯①分册的引言中就声称，“20 世纪是日耳曼民族重生的世纪。在日耳曼的中心——第三帝国，一定会出现这种悖理”[133]。在佛兰芒小姑娘的图例下，德克森则写道：“沉思和意志力是日耳曼人的遗传物质。”

凝视其本身也是一种欲望表达，意图将欲望的输出最终定格在一个中性且客观的“文化屏幕”上，它却从不表达主体的阐释。对于德克森而言，佛兰芒小姑娘也因此被剥夺了作为主体的任何阐释。相机甚至不再卷入对一个人外在面容的“被看到和被绘制”的过程，以及对人物精神分析数据找寻的过程（正如龙勃罗梭经常做的那样）；相反，它却试图往里看，试图总结出一个人的遗传物质。

43 就在这一看得见的相面术文化的骨架内，1933 年 10 月，也即民族社会主义政党建立政权并确立希特勒为总理的 9 个月后，精神分析学家、社会心理学家以及魏玛共和国德意志民主党前政治家威利·赫尔帕克（Willy Hellpach，1877—1955）在纽伦堡召开的一次学术会议上，对他的精神分析学家同行们，发表了讲话。赫尔帕克直接引用了拉瓦特尔的观点，不仅思考了可资辨识的德国人的面相问题，也追问了其同时代颇有争议的种族差异和人类表现型的差异问题。赫尔帕克直接指向南欧人与德国人之间的显著差异，[134]并滔滔不绝地持续发问，到底还有多少现存的“初始的欧洲种族”？从今天的角度来看，他提出的这一问题实际上就是种

---

① 法兰德斯（Flanders），也称“佛兰芒”（法语音译），指的是比利时北部说荷兰语的地区，位于欧洲三大文化和语系的交汇地带，经济发达，旅游文化资源集中。——译者注

族是否可被看作一种生物或社会类别。[135]与其同时代的众多种族科学理论相反，赫尔帕克反思了言语实践和人群整体习性造成面相学形成的方式。总之，他还是以肯定的态度承认了种族这一概念。[136]他相信有一种基于口语方式而形成面孔的“整体动力”（Ganzkörperlichkeit）的存在，这种整体动力能够激活人的面部肌肉，并最终形成人的面容和整体的“样子”（Gebaren）。正如他在一次讲话中指出，“种族及其结构的相面术条件，毫无疑问会融入一个人的面容塑形”[137]。面孔结合种族和结构的程度，不是“更容易看得见”（plastophil），就是“不那么容易看见”（plastophobic）。然而，根据赫尔帕克和其合作者的观点来看，几乎没有一个人能完全抹除面部容颜上的某些种族痕迹。

赫尔帕克在讲话结束时，恳请运用精神分析学的方法将病人的全部表情纳入诊断学中。他支持整体分析而不是阐释分析，反对“机械化和原子化”的诊断方法，并由于对他所处时代的可行性和可控性的客观化幻想的反驳，而汇入了反现代的大潮。[138]总之，在最后一次讲话中，赫尔帕克更为关注的是他认为未来最为紧迫和重要的任务，这个任务一定要建立在阐释面孔的能力之上：

> 最强和最好的人体表情器官——面容——是揭示灵魂的一面镜子，可以从中看出灵魂的健康（wohlartung）或堕落（Missartung），形式的和谐（Wohlbidung）或扭曲（Fehlbidung）。人的面容能够让无所不知的眼睛展示出一种细碎的程度，使得面孔的拥有者能被看出是优生的抑或

> 44 是优先修补的！创造性的保健（优生学）和形式的首要和谐（修补术），会帮助我们控制自然，此种控制远比人类对机器的技术性控制重要得多——它是对人性的控制。[139]

赫尔帕克专门提到了拉瓦特尔富有开拓性的工作和专业知识，以及拉瓦特尔基于“血缘和大地”、语言和风俗而进行“民族面孔”（Nationalgesichter）阐释的重要性。正如人种学家赫尔帕克所作出的让步一样，这些特点并非宿命论的一种，而是作为一项被认可的遗传物和重要任务被“交付到我们手中”[140]。德意志政治和身为民族社会党官方种族理论学家的金瑟，在较短的时间之内就彻底改变和修正了赫尔帕克天真的人种学尝试。[141]宿命论成了金瑟阐释日耳曼面孔的核心观点，可以说几乎没有留下任何“任务”，来让那些不适合金瑟面具的“面孔拥有者”来完成。这一切原本就是宿命。

巴伐利亚喜剧作家兼讽刺家的奥斯卡·帕尼扎（Oscar Panizza），1893 年（1914 年重新印刷）写过一部题为《被操纵的犹太人》（*Der operierte Jud*）的反犹讽刺剧。故事讥讽了一名长相“笨拙”与“丑陋”[142]的东欧犹太人伊齐格·费特尔·斯特恩（Itzig Faitel Stern）。[143]斯特恩做过一次“彻底整容”，不仅去除了“丑陋的犹太裔先祖”的特点，还将自己完全“变成了”西格弗里德·弗洛伊德斯坦（Siegfried Freudenstern），试图能和德国新教徒奥西利亚·施耐克（Othilia Schnack）结婚。在剧中，帕尼扎运用了相面术的方法，描述了那些不为反犹主义纳粹德国所欣赏的人的特点。实际上，人们正在发现或复苏一种新的敌人，旨在取代龙勃罗梭提出的异常的女性怪物——犹太人。[144]

但这种“怪物”不像“其他性别”的分类法，他从内部发声，很难运用龙勃罗梭的理论将这种“怪物”降格为一种智力迟钝和其他类型的返祖。喜剧作家帕尼扎不仅用反讽的细节来描述他作品中的主体，甚至作家本身的描述还传达给读者一种源自内部的观点。尽管帕尼扎毫无疑问是在“用传统的反犹方式来看待犹太人”，但正如杰克·赛普斯（Jack Sipes）所指出的那样，帕尼扎也“承认犹太人的智力和商业才能”[145]。与公开辩论赛的口号“如何提高我们的种族”正相呼应，帕尼扎甚至开始了为犹太人的辩护：“尽管犹太人身体衰老，但他们进化出了聪明的头脑（尤其是那些经商的犹太人），以至于日耳曼种族
很难赶得上他们。”[146]帕尼扎是威廉大帝时期德国和天主教教会 45
的一位政权评论家，算得上一个在政治上令人大伤脑筋的人物。帕尼扎有过精神病家族史（在精神病院住过 16 年），这可能是因为患有梅毒或者其他类似的疾病。按照赛普斯的观点，这些个人因素使得帕尼扎坚决反对 19 世纪晚期广为传播的优生学和达尔文主义者的相关理论——尽管他本人持有反犹思想。换句话说，“帕尼扎感觉犹太人就是部分的自己”[147]。

就这部讽刺剧的叙事来说，帕尼扎与德国评论家和斯特恩认同。赛普斯甚至明确提出第一人称叙事者和第三人称客体之间有一种精神分裂关系：“他们是一体两面的，被一种冷漠和超然的方式分开，陷入被动的顺从中，成了那个患病的和扭曲的主体，最终不得不寻求与德国社会中的雅利安人标准一致的方法，来彻底摧毁自己。”[148]可是，当帕尼扎描述伊齐格·费特尔

的东欧犹太人的外貌时，一定会提及拉瓦特尔：

> 伊齐格·费特尔的面容太有趣了。拉瓦特尔没有看到这张面容，实在可悲。一对羚羊一般的小眼睛，闪烁着忧郁的草莓般的光，在光滑的天鹅绒宽度的孔径里游动，他的太阳穴和脸颊上的皮肤略显黄色。伊齐格鼻子的形状，像极了考尔巴赫的油画《耶路撒冷的毁灭》中那位高个子的牧师，有着最为突出和引人注目的五官。肯定的是，他的双眉咬合在了一起，但菲特尔·斯特恩向我保证过，这种咬合在一起的眉毛现在非常流行。[149]

《被操纵的犹太人》也可看作斯特恩的整容故事。假设伊齐格·费特尔要被整容成为西格弗里德·弗洛伊德斯坦，先要染色和拉直头发（从黑色的鬈发变成金色的直发）；其次修复他的语言，因为意第绪语方言是他“笨拙的犹太性”（这显然也是帕尼扎本人的困惑）最为显著的特征之一；最后要与一名蓝眼睛、浅色头发，名叫奥西利亚·施耐克的德国新教女子订婚。斯特恩希望“变成他人”（pass）的意愿，让他接受了多次整形外科术，著名教授克劳茨（Klotz）甚至还将他“犹太人的双腿”拉直。然而，尽管做了种种尝试，斯特恩妄图融进基督教文化和信仰的努力还是落了空，就在举行婚礼这一叙事高潮时，人们发现了他的“真面孔”，识破了他作为外帮人的伪装。帕尼扎列举了一些能够说明斯特恩犹太性的面部特点，这些特点无论帕

尼扎在剧中如何竭力掩饰，但斯特恩这些“怪物性”还是被剧
作家提及：“当然，牙齿的排列，填充过的嘴唇和斯特恩的鼻沟 46
处，都要被绝对固定，以免被人看出他是个怪物。但是，无论谁看到这些，都能从弗洛伊德斯坦的侧影中发现，这是一张肥胖的、充满肉欲的和向前突出的斯芬克斯似的面孔。”[150]

赛普斯指出，斯特恩变成德国人的愿望，终将导致自我毁灭。[151]当他最终放弃这个想法准备“变回”时，依然以失败告终：金色直发再次做成了黑色鬈发，克劳茨教授的杰作最终还是暴露了，正如帕尼扎故事的结尾，“伊齐格·费特尔·斯特恩，一个人肉仿制品，一个穿着结婚礼服的蜷缩的亚洲人形象”。从叙事者的角度来看，费特尔·斯特恩遭遇整容失败是一件好事。至少说明了人们抵制采用优生学实验来实现人种完美的目标，这一点也正好为帕尼扎所反对。但是，造成费特尔·斯特恩想要从内到外改善自己的愿望以及愿望的最终失败，则另有原因。这可能不仅是能否“改变”的问题这么简单，原因在于犹太性和隐蔽的女性非道德一样，根本不是化妆术能够跨越的问题。就斯特恩那张斯芬克斯似的脸而言，面无表情的他只要在人前那么一站，就极易被大家认出来。从“美与善”概念的另一方面，我们对整容的企图进行审视：犹太人的外表暴露了他们“糟糕的性格”，这一点正好与桑德·吉尔曼（Sander Gilman）的观点一致。可以说，在帕尼扎的故事中，无论斯特恩如何掩饰，总能显现出他撒谎的性情。

帕尼扎关于犹太人外貌的叙述，与 19 世纪到 20 世纪之交美妆的凝视的发展历程紧密相关，正如我们谈到的高尔顿的优生

学和龙勃罗梭的异常理论，这一时期的美妆的凝视不再只是去寻找“美”而是寻求一种“健康”。因此，将犹太人概念化为一个丑陋和孱弱的种族，[152]自然成了金瑟确立其纯种北欧人种族优越论的基础之一。金瑟的著作《德国人的种族研究》（*Rassenkunde des Deutschen Volkes*）作为一本长效畅销书，自 1922 年到 1930 年发行过 14 个版本。在这本书中，金瑟将欧洲人分成了 6 个亚型——纯种北欧人（诺迪克人）、法利克人、东欧人、西欧人、迪纳里克人和东波罗的海人，并因此奠定了他关于北欧人种划分的思想体系。纳粹德国的人种学家、文化人类学家以及种族理论学家们讨论了非德裔日耳曼人为何吸取并如何吸取浅色皮肤的纯种北欧人这一表现型的“特权”。[153]比如，金瑟在他关于犹太种族理论最有影响的一册书中，专门在讨论当代犹太
47 人的一章中用了一节来讨论“浅色皮肤和蓝眼睛的犹太人”[154]。这位种族理论学家追溯了浅色皮肤犹太人的来源，将其归结为这样的事实：东部犹太人多于南部犹太人，他们广泛分布在东欧地区，他们在历史上接触过“沙卡人”（Shakaren）。沙卡人据说是一种野蛮人，分布在北欧沿海地区。按照金瑟的观点，他们有可能是从东波罗的海人那里遗传了浅色的皮肤。[155]金瑟总结了东波罗的海人的长相特点，并将他们和犹太人类型以及其他“边缘长相”理性化之后的特点统一起来，指出他们都有头小、脸阔和鼻子短而弯曲的面部特点。经常参考如鲁道夫·魏尔啸（Rudolf Virchov）的调查结果等其他资料，[156]金瑟坚持认为，整个 19 世纪几乎没有任何种族与纯种北欧人杂交过，而这有可能正是引起浅色皮肤犹太人不确定性结果的缘由。[157]

纳粹德国时期，金瑟扮演的是一个客观合格的科学家身份。他大量依靠人体测量学，建议对人的身高、体重、坐高和双臂的横长都进行测量。金瑟和他之前很多身体人类学家采用的最重要的人体测量方法是一种颅骨测量法。金瑟将人的面部从中间进行水平（横线穿过鼻子，从一只耳朵到另一只耳朵）和垂直切分。全部的颅骨测量数据，包括距离线、水平线、曲线和弧度都要和上述穿过面部的两条中间线联系起来。垂直中间线用来测量头部的长度，而水平中间线的长度则标志着头部的宽度。长和宽的关系集中体现在面孔的参数上，是用以判断一个人头型或长或圆的主要数据。金瑟将典型的北欧人种描述为头长、个子高、身体细长、金头发和蓝眼睛。

尽管金瑟自身的偏好过于科学，他却责备 19 世纪、20 世纪早期的自然科学在全德国民众的心中早已播撒了一种基本的“非图画的观看和想象方式”[158]。最让金瑟困惑的是，与他同时代的德国人似乎在日常生活中感受不到种族的差异。在他看来，这体现了知识缺乏和感觉迟钝的问题，主要原因在于他们缺少训练，对美妆的凝视认识不够，而这正是为何拉瓦特尔会向他同时代的相面术学家们，教授一系列的理想的五官之余，还给出了一定的建议：要坚持不停地“看 48
和画、看和画”。金瑟《德国人的种族研究》一书的主要目标，就是对（德国人的）凝视的再教育，因为他们已经被科学的专有数字质量引向了邪路。教育的目标，在于重新唤醒人们的雕塑本能：

> 人们可能说：人身上的雕塑家只有在现代人的最后范例中得以召唤。他并没有在观看这一行为时由内部重构头部的长宽；他并没有试图通过直线和平面的组合，从而内化眼角和下颌等部位的弧度；他也没有经常在他观看的同时去形成或弯曲，错过每一张面容的某一部分，也就是错过了某一基本的部分。[159]

此处雕塑家的隐喻，指的是脑海中经常闪现出的一大群可塑和改善的凝视。脑海需要自己移动并改变形象。金瑟散布其时代相面术凝视（physiognomic gaze）的目标，很快为纳粹政权所认识。到1933年9月，“种族科学”就被列为德国中小学的必修课，而金瑟著作中的精选章节，也作为中小学教材资料被到处推广。[160]到1935年，种族法开始在纽伦堡推行，涌现出大量研究和推广“雅利安人种”纯粹计划的机构和团体。这一年，帝国元首海因里希·希姆莱（Heinrich Himmler）创立了两大社团：一个是“祖先”（Ahnenerbe）社团，致力于“雅利安人种”历史和文化遗产研究；一个是“生命之源注册社团”（Lebensborn Eingetragener Verein），着手推广（尤其在职员、党卫军和士兵之间）与“健康的雅利安妇女”结婚的计划，以提高“生命之源儿童”的出生率，意图这些儿童将来能够领导德国乃至全世界。种族主义凝视（racist gaze）的要求越来越强化，从被广泛使用的一些文献中就可看出，比如申请加入党卫军的候选人被要求填写家庭背景调查表（Erbgesundheitsbogen）。这些资料旨在确保候选人家族成员的健康，接着这些资料要提交给元首希姆莱批准。希姆莱对那些希望证明家族血统纯洁性的申请者，给出了如下指导性意见："我希望所有的党卫军成员都能建立一个血统高贵和健康的德国家庭。因此，党卫军未来的妻子就长相、健康和遗传上都要达到最严格的要求。"[161]这些要求要传达给党卫军医生，提议由他们根据"总体长相"来评判
那些能够与党卫军成员结婚的妇女。总体印象筛选之后，这些 49
妇女具体的身体部位，诸如臀围等也要测量，这些都要求必须"谨慎执行"。

希姆莱意图使种族纯洁性达到更高水平的欲望，完全建立在他的主观道德情绪上。医生被要求对他们评判的男女认真观察，看对方是否具备生育欲望，并凭医生的直觉来同意或否决她们与高级官员成婚。凝视被赋予了对一个人外貌做出判断的权力，拥有这些外貌的人实际上已经通过了纯种北欧人的成长仪式：她们都是民族社会党的党员。高尔顿的器材，实际上已经外包给纳粹党的"匿名组织"。在纽伦堡审判中，犯罪者最常听到的辩护，便是一定要"只是"按照匿名的政治他者确立的法律行事。犯罪者为自己辩护时，通常也会指出他们是无意识地与这种纳粹组织的凝视相互达成一致的。凝视已经被去人格化，并远离特定的屏幕，从而被激活。凝视，成了最终的他者。[162]

在威利·赫尔帕克为德国人性格所做的战后评论与辩护中（1953），这一提议变得更加明显。尽管德国人种优越论的信念已经引发了大屠杀，赫尔帕克还是承认说，正是德国人的民族性格导致产生了以下正面的性格特点——工作意愿强烈、思想

缜密、倔强热情。尽管他批评了德国人支持希特勒以及希特勒蛊惑民心，但他总体上并没有对纳粹德国的政治学提出批评。在《德国人的性格》（*Derdeutsche Charakter*）一书中，赫尔帕克的道歉策略无非是将纳粹政权的所有恶行都与希特勒的恶魔形象联系起来。在他题为“阿道夫·希特勒：一个木雕”这一章中，赫尔帕克写道，“在一个具有高区分度的国家，（德国人）自身拥有如此高水平的教育程度——长时间没有文盲——怎么能让成千上万的人被这个煽动家蛊惑，对他明显的犯罪活动不做任何有效抵制呢？”[163]在赫尔帕克看来，战争罪只是和希特勒本人的“魔鬼权利”有关，只是因为大众和权利动力学并未对之采取任何限制才会出现，他认为这一切如果不是以可控的形式使用，必将是一种致命的结合。在赫尔帕克和其他倡导“纯
50 正北欧人种”的思想家们所做的辩护和“致歉”中，凝视都得到了使用，并已经被他们内在化和客观化，成为超越凡胎肉眼的机械的凝视。这种凝视就如拉瓦特尔的凝视，一定要为600万遇难的犹太人负责。[164]相面学与“美与善”的范式受“二战”的影响程度之大，足以让上述学科规则和信仰一直沉寂。直到20世纪70年代，社会学与新的进化论方法以及20世纪晚期的新技术互相结合，同时在数字人像合成技术和面纹软件程序的发展下，这位沉寂许久的“睡美人”才被再次唤醒。

揭秘：理解新的相面术

克劳迪亚·施美尔德（Claudia Schmoelder）在拉瓦特尔相面术的眼睛及其关注面部特写与摄影人像肇始之间建立起历史联系。[165]可以说，拉瓦特尔对一个人面孔细节的兴奋感与描述能力远远超过了高尔顿式摄影的规定性眼睛，但是，从一个媒体到另一个媒体所继承的无非是对证据的需求。笔者接下来要具体考察相面术、人像摄影以及摄影术之间的关系以及他们彼此对证据或者真实的需求。

摄影术与真实之间的关系并不简单。摄影宣称能够保存真实，同时却正如克里斯蒂安·梅兹（Christian Metz）以及其他学者声称的那样，[166]摄影是所有媒介中最具"死亡驱动"和"拜物崇拜"的媒介："摄影的取镜是即时和肯定的，犹如死亡，也如无意识中拜物教的构成一样，被童年的匆匆一瞥所固定，之后便不再变化却一直鲜活。摄影是所指之物内在的一道伤口、一个碎片、一个片面客体，旨在长久的并不移动的旅行却永不回返。"[167]梅兹总结说，摄影不仅意味着失去（指向永不返回的时刻），也意味着保护免于失去，通过其外在化的能力而防止人们忘记。高尔顿的那些理想面孔，已经被带离了他们生活过的经验的天然语境，并被外在化。从字面上讲，他们已经"被监禁"进了一个"再现的框架"之内。[168]这种框架不再为其所指之物而悲哀。然而，也不再在索引上与其发生关联。其翻转性地指向一种“理想”——诸如“健康的”、“生病的”或“犯罪的”。面孔被叠加后的各种变体，过去从未存在，将来却可能会到来。这种叠加的结果，也就是肖像合成，可被描述为“来自
51 未来的摄影”。然而，高尔顿在他“科学”地使用摄影图片时却没有考虑到凝视会呈现循环结构，这是因为凝视能将主体的自我意识，通过他或她为摄影/凝视摆拍的各种姿势，投射到屏幕之上。

罗兰·巴特（Roland Barthes）在他的《明室：摄影札记》（*Camera Lucida*）中指出，当我面对镜头之时，此前从不存在的某物就会形成。他将这个碰巧出现在凝视/相机投射眼光到我身上之前的某物称作新物，也即“作为他者的我自己”：“一旦我感到自己被相机镜头观察，一切都将变化：我在‘摆拍’的过程中构成了我自己。我瞬间就为自己创造了另一个身体，我提前将自己变成了一个图像……拍照就是自身作为他者的降临。”[169]静止的相机与录像机的移动图像不同，能够定格凝视，并将自我“通过科学幻想得出少有指涉的拜物图像”变成一名病人、健康人或一个罪犯。我们在高尔顿的肖像合成里看到的就是他那个时代对恐惧的书写——恐惧成为一具异常躯体或者一具预示出了差错的躯体。能将高尔顿期望的异常与恩娜·伦德瓦伊-德克森的“日耳曼人的面孔”联结起来的，恰是在图像里看不到的自己的恐惧。颇富戏剧性的差异在于——不同于高尔顿的肖像合成，这些图像指向真实的面孔，不是那张叠加形成的理想化人种的面孔。他们是运用真实的身体和面孔经过严格控制机械而形成

的。那些拥有可以制造日耳曼人平均理想面孔的人属于期望得到的人种，而那些不具备上述拥有平均理想面孔特点的人，现在就要面临真实死亡，而并非拍照下的死亡。

在最近的电视整容真人秀节目以及对参赛者前后照片的对比中，通过摄影达到自我的构成，变得非常明显。虽然相机“抹杀生命”，但相机也在一种新的形象和一种新的自我作为他者的心理图像的意义之上制造出新的生命。这种心理图像转换成了一种期待相机定格的姿势。[170]在苏珊·桑塔格（Susan Sontag）看来，这种姿势映射的正是一个人认为富有吸引力的自我图像，并将其作为摄影术下业已习得如何看待自身的那个自我。[171]这种内在的摄影所表达的正是美妆的凝视，原因在于自我在心理上看待自身已经“朝前走了一步”，是一种美化过了的“后图片”（after-picture）。

在整容真人秀节目《白天鹅》中，这样的心理图像已经成为现实。好像高尔顿合成肖像中被叠加后的“理想的面孔”已经在公众的想象中诞生。当我们通过镜子观看他们的时候，福 52
克斯电视台整容真人秀节目的观众已经被推到了拍照者、羞辱者或凝固这些女性躯体者的视觉位置。

就在节目宣布“揭秘”的那一瞬间，观众见证了一个已经成为自身“他者”的被羞辱的自我“谋杀实录”（SF）——这一瞬间正是参赛选手 3 个月来第一次看到镜子中的自己。选手为自己设定的心理图像，经过无数次的医学美容手术，终得消散，而作为拍照者的我们也成了见证她尴尬时刻的目击者。从技术角度来说，我们借助相机得以看到镜子之外，一切皆有可能。电视真人秀是一个可以吸引观众消费我们自身的信任与怀疑的游戏，而由此，我们每个人也都成了终极偷窥狂：“我知道这一切不是真的，但是我仍旧喜欢假装相信这是真的。”[172]我们被要求运用的凝视是真正美容的或化妆的，因为这种凝视已经为技术所装备、为信息所植入，使得凝视在有望实现改善的背景下，得以感知每一个人的躯体。这是一种被以真人秀节目形式为代表的晚期资本主义媒体经济所提供的数字革命固定下来
53 的凝视。换句话说，这种凝视，知道如何为手术刀一般的相机摆拍，不但可以想象出一个优化后（bettered）的自我，并且使这一切发生。

正如《白天鹅》节目中采用的“揭秘”（reveal）这一环节，可谓新相面术的最终模式，这其中就被植入了构成美妆的凝视的设想、图像以及欲望，并在一瞬间启用了人的活力。正如梅雷迪斯·琼斯描述的那样，电视节目的揭秘环节，将摄影术凝固理想瞬间的二维能力与受试者自我身份激进调试的三维体验结合起来：“这是完全保持肉体情况下的一种再现和拟像，其表现形式深入审美和视觉系统。其中，二维图像和三维‘真实’深度结合，扁平图像和真实体现的形状要求完美融合。在揭秘展示时，真实的身体和身体的图像最终合二为一：感觉、情感、动作彼此进行一次性的短暂配合，成了容颜、外貌以及影像。这是二维自我和三维自我结合的时刻。”[173]

但是，问题在于，今天的“急功近利文化”（culture of the quick fix）是如何“使得这种变化发生”的呢？[174]当然，变化是高尔顿及其后来的优生学社会政治议程的核心。不过他们的变化观

念旨在加快进化的进程。正是这一具有决定意义的技术工程，其目的在于优化种族或人类等级，乃至最终消灭他者。这种依靠高压政治的标准化技术已经借福柯所谓的“自我的技术”，让位于自我标准化的技术。虽然优生学家们希望将自己的道德准则施加给广大民众，但今天的情形已完全不同。尤尔根·凌克（Jürgen Link）使用“原标准主义”（protonormalism）和“灵活标准主义”（flexible normalism）两个术语，来解释强制标准化策略和当代标准化技术之间的差异，前者旨在区分群体，后者要求个体时刻调整自身。[175]这样便导致了之前就被冠以“内在化了的种族主义”概念的产生。20 世纪 80 年代，这一概念由“再评估咨询社团”提出，并重新活跃于当下的外科美容整形界。比如在亚裔美国人和亚洲人的语境中，这个概念被重新评估，而这些人一般都希望做上眼皮手术，因为这样能够使得长相更加洋气（也即西化或欧化）。[176]詹妮弗·费罗（Jennifer Fero）是一名被美国白人家庭收养 54
的韩国女性，她在纪录片《收养》（*Adopted*）中的一段说明文字，有力地说明和揭示了她在白人父母养育过程中所经受的矛盾情感和内在化的种族主义：

> 有一道温和的却容易被忽视的裂痕存在，毕竟收养机构没有给大家上过种族歧视课。你知道的，我甚至怀疑他们今天是否开设了这些课程。到底有多少中国女儿的父母上过关于亚裔拜物教的课程？它们就在那里，那是几百万美金的产业。好吧，有一个亚洲小姑娘多好。她们很乖巧……她们会做你希望做的一切。

> 没有成百万，至少也有成千上万专门关于亚裔女性的色情网站。我的父母要为这样说而负责："你不是一个异国风情的婊子。"因为我扮演的就是这个角色，才会内化这种种族主义。我扮演这个角色。是的，我就是——这是我作为一个亚裔女性的专长。你知道的，这使你内心完全空虚。[177]

詹妮弗对于美妆的凝视，源于她自身身体形象与她在父母兄弟那里看到的"种族上不可见的"形象存在差异，并以一种内在化的形式表现出来，这种美妆的凝视可以与凌克提出的自我调节或自我标准化做对比。为了适应费罗的姓氏，詹妮弗将美国文化对亚裔女子期望的形象整合进了自己的身体内。所以，这种内在化的种族主义话语就不再只是关于对不适者的消除，而是关于一种主体性的，鼓励一个人去实现自身最能反映某种文化图景的那些方面。只有驱使一个人将美妆的凝视内在化，类似詹妮弗这样的个体才能"找到"她们自身。这种话语造成的结果便是一种大规模的同化，既非排除，亦非消灭。

此外，文化产业宣传要限制同一化的美，或者如埃金顿（Egginton）提出的观点，"技术限制不了的……终将由社会提供的模板限制"[178]。结果，《白天鹅》中选手们的"后形象"（after images）看起来更像心理学研究产生的平均面孔。在电视节目中，这些面孔已经被平均到了什么程度？情况往往是这样的：女孩 A 的脸配上了女孩 B 的鼻子和女孩 C 的嘴巴，但这些改变并没有在女孩 A 的脸上产生多大变化，原因在于她那张经过外科手术改造过的脸是个合成物。龙勃罗梭估计会将这种差异的泯灭，解读为伟大的存在之链中用来说明修养最低水平的符号。

晚期资本主义市场几乎没有任何激励，去扰乱北欧理想美 55
女的媒体主导。在《白天鹅》的第一季、第二季参赛的32名选手中，只有4名非白种人。调查以欧裔为中心的美女理想是一项非常复杂的任务，毕竟媒体再现的理想形象与真相之间存在微妙的关系。在美妆的凝视的王国，美的真相不再取决于一个真实的人的参照物（正如拉瓦特尔时代表现的那样），更不会建立在一组理想化的性格特点之上（正如高尔顿的人体肖像合成术）。相反，就在一个装饰性的相机镜头和被娱乐的观众有意进行的自我欺骗之间，真实性却建立在电视体验的孤独沙漠里。对于高尔顿来说，摄影再现了证据的躯体，但在整容秀的逻辑里，证据的躯体从字面上已经被切割成碎片。这些经过外科手术改善过的合成躯体，不再如高尔顿时代被描述的那样，只是失去参照物的照片。这些参照物可以借技术之手再次复苏。而这些躯体已经成为“不再有更多所指的科幻拜物教的图像”，正从一个不真实的地方回看我们。不过，它们发出的口令却再真实不过：你需要改变。

就屏幕而言，不仅被用作了凝视的指向，也被用作了凝视的框架，那么这种变化的口令到底意味着什么？拉瓦特尔曾讲过一种凝视的自动内在化，会将“理想的合成肖像”——一组为人记忆的五官——投射到一个我称之为“屏幕”的平面上。这类凝视有循环结构。只有通过被整体投射到一块文化信任的接口或屏幕上，凝视才得以展现。但是，凝视也会向后观看自我命令的发布者，也就是观看其自身，并以自我被合成到某一屏幕上的方式“给予我们如何被‘这样的他者’所看见的形状和意义，我们如何定义自身的可见性，如何与造成自身可见性的结构性互动，如何感知世界”[17]。正如雅克·拉康（Jacques Lacan）所说，“我只是从一点去看，但在我的存在体验中，我却从四面八方被看”[180]。因此，笔者会回到这一问题，重新讨论凝视循环性的前景，如何在数码科技、环境以及现实、整容和环境综合体的帮助下得以实现。

自高尔顿之后，这种合成人像与相面术眼睛结合的装饰性凝视，能够看到一个更好的、更美的，也因此被改善的身体，但这种凝视也被相面术与摄影术镜头的结合所取代，通过准确的测量来证实身体，并且能够得出具有合法地位和声称得到真相的肯定性结论。这种肯定性远没有拉瓦特尔的合成肖像与生理学相结合那样具有直觉性。摄影术的“客观性”从人像摄影术开始便处于
60 危险境地。对高尔顿和龙勃罗梭来说，尤其是人像摄影术的“真相”，指的是这样的事实：某人真实地站在另一人的面前拍一张照片。这与绘画行为相同。在两种情况下，阐释性的框架都是肖像学家使用特有的凝视的结果，与他或她正在使用的媒介无关。换言之，就参照物而言，无论是主体的绘画还是摄影，在种类上两者之间并没有差异。差异在于关于主体判断的复杂性程度。因此，自20世纪末到21世纪初以来，相面术理论已经谈到了越来越复杂的化妆的凝视，这种凝视汲取了越来越高级的美容技术，它们在对称和视觉连贯原则上越来越专业化。

然而，所有这些观看和辨认面孔的尝试往往和一个事实相

关：如此归类将意味着对异常的归类。高尔顿的法则依赖的是对异常面相的视觉识别，而德国纳粹政权采取的第一步，则是对眼睛的大规模相面术培训，其逻辑基本上与高尔顿利用业已成为“自然词语本身”的图片来消灭主体性的摄影术尝试并没有太大差别。[181]因此，我会讨论龙勃罗梭定义异常的尝试，以及异常概念隐含的美、丑之间的区别，同时也将讨论今天整容文化中出现的“人工缝合术”，毕竟整容文化引发了“21世纪的新赛博格”（twenty-first century neo-cyborgs），[182]它们从字面上已经实现了相面学家们要“更好”地将一个人内外兼修的梦想。

第二章

美的阴暗面：从痉挛性的美到改头换面

61 因此我要说的是，让人为他的灵魂而欢呼吧，他已经抛弃了外在于他身体的淫欲和修饰，这些对灵魂来说有害而无益，他已经在这一生中真诚地追求智慧，并用灵魂需要的恰当珠宝——克制、正义、勇气、高贵和真理——来装饰灵魂。有了这些装备，当死亡降临时，他就会准备好赶赴自己的旅程，直至阴间。

——柏拉图，《斐德罗篇》[1]

柏拉图关于“美与善”的理想，激发了从18世纪一直到今天还在发展的美妆的凝视。这种理想引导了对美妆的凝视技术上的利用，以求将异常正常化，其程度之强，以至于内在化的美的理想时常反映和激化政治和身体上趋于同质和平庸的做法，甚至是对文化、伦理和种族他者性的消除。凝视的历史由男人塑造，他们对女性躯体进行科学观察，并将其看作美妆的凝视中重灾区的屏幕。女性的躯体不仅用作凝视的抱负，也成为衡量一种不可避免的失败的重器。当躯体服务于美妆的凝视而做出伸展、扭曲甚至将自身切成碎片时，躯体到底发生了什么？当躯体为追求不可能的理想而摒弃各种自身的版本时，躯体自身的欲望以及围绕躯体的文化又将如何转变？美与善有关，也与欲望相连，不过欲望却臭名昭著地难以与同质化或标准化苟同。换言之，有可能因美妆的凝视产生剩余，若真如此，这种试图对躯体进行改造并将其与理想同一化的能力和愿望，反过来便与造谣、恐吓或只是破坏塑形的模特的强度和范围发生联系。

柏拉图的美的概念与一个人的外在表象（身体）和内在 62
灵魂息息相关。在柏拉图看来，二者缺其一，美都不可能实现。但是，为了获得更高的善——智慧，即使这个理想也要抛在后面。柏拉图的理想旨在克服肉体和精神世界的享乐而获得智慧，其本身就是“一种纯洁化”[2]。在获得智慧的路上，灵魂和身体一定不要因为彼此不同甚至偶尔冲突来互相玷污：

> 然而那已经被污染的灵魂，在飞升的时候已不再纯洁，经常沦为肉体的伴侣和奴仆，为肉体、享乐和欲望所迷恋，她们甚至被引导去相信真理是以肉体的形式而存在的，人可以感受肉体、看见肉体、品味肉体乃至用肉体满足贪欲——我的意思是，习惯了厌恨、恐惧和避免精神法则的灵魂，对于肉眼来说，是

一片黑暗，根本无法看见，这样的灵魂只有借助哲学才能到达——你认为这样的灵魂可以干净和纯粹地飞升吗？

这根本不可能，他回答说。[3]

柏拉图发现，肉体的美不在自然中，也不在人的身体中，尤其是在俊美的少年身上，它注定最终趋于一种“超越肉体本性疆界之外的永恒之美”[4]的神性状态。那么，凡人之美（mortal beauty）和永恒之美（eternal beauty）二者之间，存在着一种指向关系，这就是柏拉图将更伟大的责任归因于美本身而非其他美德的原因。正如他在《斐德罗篇》中解释说：“美与其他诸如正义、克制、勇气等抽象的理念相反，美本身有其自然中的物质对应，并因此使得这个对应成为有特权的调节者，为其远离感官世界并最终到达灵魂世界指明了道路。”[5]因此，这是美的挑战，也是美的责任，要引领人走上正确道路。这也是为何要做到美，却经常必须成为善和行善。最后，这种关系强调的是人的欲望，激发我们去采取行动。正如柏拉图在《会饮篇》中谈及爱时提出的那样——“善难道不也是美吗？”[6]对柏拉图来说，肉体的美在生命中发挥着极其重要的作用，因为这是唯一的凡人的善，其肉体的表现既要用作道德完美的标记，又是富有潜力的自我提高的动力。

在《大希庇阿斯篇》中，柏拉图让苏格拉底引用一个人的问题来问他：“苏格拉底，如果你愿意，你是怎么知道的？什么样的事物算作美和丑？现在，来吧，请告诉我，什么是美？”[7]令

人吃惊的是，希庇阿斯①却给了苏格拉底一个具体的回答，并非 63
哲学式与修辞式的回答："肯定的是，苏格拉底，如果我必须讲真话，那么一个妙龄少女是美的。"[8]我们会在观照今天的外科美妆文化和当代进化心理学理论的同时，重新评估希庇阿斯的回答。从柏拉图到拉瓦特尔关于美的建构的操作关系来看，美、善和真理三者之间的呼应还存在吗？正如上面对话所暗示的那样，今天的美，依旧是从上帝那里"借来的"吗？或者仅仅因为是人造的而受制于不停的变化和重新评估？我们也避免不了重新思考美的传统敌人——从怪物性的观念到20世纪先锋派艺术家和哲学家对美的"痉挛性"的发现——和欲望的动力一样，潜在地分享着美的位置。借助在这种"黑暗面"的狂欢——美的身体分解和肢解的瞬间——20世纪能够创造出一种美妆的观念，其不仅是审美意义上的，同时也是暴力意义上的。

为了探讨美的黑暗面，笔者首先来看安德烈·布勒东②的超现实主义小说《娜嘉》（*Nadja*）中对美的破坏，研究布勒东关于"他者"美和"美即地狱"的观念。接着，笔者观察了部分第一人称叙述扭曲和变形的例子，包括20世纪大众文化的一些案例。其中，有目的的丑陋被标记为一种可替代的或"他者"的审美理想。笔者以讨论艺术对畸形身体的庆祝而结束，这是

① 希庇阿斯（Hippias），古希腊智者学派成员之一，教授诗歌、语法、历史、政治和数学等知识，有博学多才之美誉。对他的记载多来自柏拉图的两篇对话录《大希庇阿斯篇》和《小希庇阿斯篇》，其中柏拉图将其描绘成一个智能平庸的诡辩者和自大者。——译者注

② 安德烈·布勒东（André Breton，1896—1966），法国诗人、评论家，超现实主义创始人之一。著有小说《娜嘉》，诗集《大地之光》等，曾发表《超现实主义宣言》，正式宣告超现实主义的诞生。——译者注

当代产生的一个崭新的美的概念——美妆建基在这段历史的支柱之上。我们在概念和历史上将美妆的凝视之前的历史——无论是上帝赋予的还是个体自身基因的再现，以其主要致力于一种抽象美和普世主义价值——与美妆的概念联系起来，后者将信仰美与善的身体与充分实现这种抽象化的文化相结合，通过对身体的暴力控制，将美与善连接起来。在这个时代，柏拉图对美的热爱，作为一种美的呼吁，已得到重生，并通过“美与善”而实现，并固定在破坏和变形之上。既然医学研究者已经发明了新的科技——以医学形式、医学进步和侵略性程序——用来重塑身体，艺术也通过挖掘美的阴暗面，业已探讨这种干预基础之下的阈限维度。

美之不可抗拒的希望

64 奥地利哲学家康拉德·保罗·利斯曼（Konrad Paul Liessmann）说过，[9]美的吸引力在于对幸福的期望。利斯曼参考了司汤达写于1822年的论文《论爱情》（*De L' amour*）中一个著名脚注。其中，浪漫的作者说过，对一个选了“丑”太太的男人来说，太太无论如何一定显得“漂亮”。美是幸福的希望，不是幸福的完成。遇到美，会产生期望和欲望，但其本身并不代表幸福。[10]对利斯曼来说，这正是对美的欲望与破坏的可能性亲密接触的原因。美的希望与经常不能实现的可能性同生共存。根据柏拉图《会饮篇》中著名的解构，类似欲望本身，美的连贯性取决于对美的满足的持续延宕。这一逻辑使得雅克·拉康将弗洛伊德长期挣扎于把爱欲和死欲定义为构成人类存在的两大基本动力，解释为认识到了只有一种终极动力不可避免地达到高峰。拉康将这种达到高峰的终极动力命名为死亡动力，原因在于这种动力本身具有的破坏性冲动，作为一种满足其欲望的可能性，去打破既有定义和区分主体拥有的每一个障碍。[11]

美，经常是一种冒险。仅仅看一眼美，就意味着要为“被影响”、“被噬咬”或者对美“上瘾”的危险而负责。在司汤达的浪漫表达中，美是希望的符号，世界上的不完美能够被克服，至少通过我们对死亡意识的排斥而得到希望。在今天的美妆中情况就是如此，人们似乎拥有了一个永恒的保鲜按钮，只要愿意去除年龄的标记或延缓死亡的到来，随时都可以启动这个按钮。这种将美看作带领我们跨越生命界限的观念总要付出代价。毕竟它实在难以实现。有时，这一切可能太过危险：某种东西似乎“太过漂亮”，以至于人们不能正视它；人们很容易被美变成“瞎子”[12]。但是，就在正视美的这种恐惧中，一定隐藏着其他东西——正如拉瓦特尔担心过的那样，美，尤其是女性美的观念，是一种伪装。在美得近乎完满的诱惑之下，隐藏着深渊和丑陋，它们随时都会爆发（正如切萨雷·龙勃罗梭所说的“必要的丑”）。我们这里可引用希庇阿斯对终极美的例子，所有美的历史都在反映对隐藏其下的丑陋的恐惧，所有美的历史都在揭示自身就是一位年轻女性美丽皮肤之下潜藏的死亡。

65 这种恐惧在古往今来不计其数的传说和故事中都有印证。吉普赛人的童话故事《月亮》,[13]一开始和其他故事一样，讲述了一个父亲在临终前将土地和财产分给他的儿子们。儿子们也都被分配了不同的职责，最小的和“最漂亮的”儿子负责掌管金钱和动物。父亲过世后，母亲生下一个小妹妹，本应该是全天下最漂亮的孩子，可惜却有一大缺点：小姑娘天生满嘴牙齿。还是婴儿的她，总会用手遮掩这个美貌的深渊。后来，这个吸血鬼妹妹被关进了屋子，除了家人之外无人知道这件丑闻。后来小儿子出门远行，途中遇到一个“真的非常美丽”的姑娘，她却被藏在一座塔楼里。塔楼没有门，小儿子要想见到姑娘，只能从窗户爬进去（不管怎么说这可能属于他的兴趣，因为这种见姑娘的方式他没必要和任何人分享）。小儿子回家请求母亲同意他娶这位美丽的姑娘，正好遇上他的妹妹，才发现母亲和哥哥们都已死去。风告诉这位小伙子，是妹妹杀死了母亲和哥哥，并且正准备也杀掉他。小伙子看着妹妹炫目的美丽模样，惊慌地逃跑，但妹妹紧追不舍。兄妹俩一路追赶，穿过树林，到了塔楼，哥哥竭力想钻过窗户到达他心爱的未婚妻的住地。就在此时，妹妹抓住了他的双腿，而塔楼的未婚妻碰巧抓住了他的双臂。年轻人的四肢几乎要被两人扯断了，一方是妹妹让人恐惧的美，另一方是与一个新的女子充满希望的忠诚关系。月亮照在年轻人的身上，告诉小伙子除了忍耐别无选择，故事便戛然而止。

尽管任何一种对这个故事的阐释，都有可能过于宿命论，毕竟与所有的童话一样，故事的主题涉及了对女性气质和阴柔美的恐惧。实际上，中世纪漫长的厌女传统，无论是将女性看作“魔鬼之门”还是“基督新娘”，都是一样的，两者之间不存在任何冲突。[14]正如威廉姆·埃金顿的观点所讲的那样，女性之所以获得这种令人好奇并带有分裂性质的身份，是由于文化让女性代表一种边界，只有这样，男人才能与不可能的满足分离。所以，女性不仅成为原罪的象征，从天堂盗走了男人，更是成为潜在地引领男人回归天堂之路的象征。[15]从吉普赛人的童话故事《月亮》中，我们看到的不过是女性双重性的另一个基本表现罢了：置人死地的美和潜在救人的美，永远都在决定男人灵魂的命运上发生着冲突。

《娜嘉》，或者美的痉挛性

早在现代之前，艺术的目的就有各种各样，但如丹托①所 66
说，“从 18 世纪到 20 世纪早期，人们推定艺术应该拥有美”[16]。为了这个原因，当后印象派艺术展览以一种“明显的缺憾美”震惊到他们的第一批观众时，20 世纪早期的先锋派艺术也正在创造一场文化上的巨变。[17]现代派画家兼评论家罗杰·弗莱（Roger Fry）策划了其中的部分展览，他提出，“这些新艺术在被看作美之前，一定要先被看作丑”[18]。按照丹托的观点，20 世

① 阿瑟·丹托（Arthur C. Danto，1924—2013），美国当代著名艺术评论家、哲学家，著有《艺术终结之后》《美的滥用》等。——译者注

纪早期的先锋派运动以其哲学上的惊人性，表现了这样一个前提：基于观众的审美教育，任何事物都可以被看作美。因此直到阐释者发现之前，美并非内在于任何形式或状态。

尽管欧洲启蒙运动思想家，如大卫·休谟①和康德②，在艺术趣味的理解上分歧很大，但他们都同意美与道德之间有着亲密的关系。在休谟看来，好的品味来自鉴赏力，鉴赏力反过来又背叛了一颗敏感的心。他认为“在每一个生灵身上，都有一个完满而又有缺陷的状态：前者可看作为我们提供了一个真正品味和情绪的标准……器官的精美之处使得无物可逃脱他们，同时又准确地可以感知构造中的每一种成分：我们称之为品味的精致”[19]。对康德而言，审美的趣味却只能是主观的，因为审美趣味要求一个感知的主体具有敏感性，但康德又将其理论化，认为一个宣布审美判断的主体，显然要求与这个判断一致的普遍认可，而这一要求与他的伦理范畴之毫无条件的普世性并行不悖。[20]

浪漫主义美学允许艺术内容而不是表象占据中心舞台，这一点在很大程度上抛弃了美和道德之间肤浅的并行。[21]尽管如此，浪漫主义理想仍旧将美看作艺术的终极目标，即使在美如何实现上允许有巨大的差异。但是，直到20世纪初痉挛美的出现，艺术实践才开始想象与传统欧洲中心美的理想相反的美的经验。

---

① 大卫·休谟（David Hume，1711—1776），苏格兰哲学家，苏格兰启蒙运动及西方哲学历史中最重要人物之一，与约翰·洛克和乔治·贝克莱并称为三大英国经验主义者。——译者注

② 康德（Immanuel Kant，1724—1804），德国古典哲学创始人，被认为是继苏格拉底、柏拉图和亚里士多德后西方最具影响力的思想家之一。——译者注

用丹托的话来说，先锋派“帮助表明了美绝对不是艺术的部分
概念，美能否表现，以及哪些美仍旧是艺术”[22]。这样的相对主 67
义只是将美从作为艺术成就的终极标准这一宝座上拉下来的第一步，彻底将美“暗杀”的人是达达主义者①特里斯唐·查拉②。到了20世纪60年代，美已经从“好的艺术”这一概念及其哲学那里完全消失了。

处于先锋派、达达主义、未来主义和超现实主义理论核心的艺术家们，在某种意义上都将自己献给了“丑陋”。他们是这样做到的：

> 在个人心理或社会肌体层面上展示打破心理一致性的让人不安的造反。通过理解人的性活动的心理模式而得到部分理解，用超现实主义者的方法，通过对令人震惊的心理倒退行为的视觉和文学描述，提供了限制社会道德风尚作用在人的心理上的影响，结果却造成了逾越的行为。[23]

向“让人不安的造反”的美学观致敬，最明显的莫过于安德烈·布勒东创作中的体现。布勒东，西方艺术史上这篇卓有

---

① 达达主义，兴起于“一战”时期，是一种波及视觉艺术、文学、戏剧和美术设计的文艺运动。作为西方文艺发展的一个重要流派，达达主义是颠覆和摧毁旧有欧洲社会和文化秩序的产物，对20世纪现代主义文艺流派产生了重要影响。——译者注

② 特里斯唐·查拉（Tristan Tzara，1896—1963），罗马尼亚出生的法国人，达达主义运动的创始人之一。1919年，查拉在法国巴黎组织了达达集团，并发表了达达宣言，把达达主义运动推上了一个新阶段。——译者注

影响的《超现实主义宣言》（*Surrealist Manifesto*，1924）的作者，在小说《娜嘉》的结尾处，就为美唱了一曲赞歌：美就是要“痉挛，不然什么也不是”[24]！这里，布勒东就将最简单的超现实主义的行为定义为一组动作：“冲进大街，手上拿枪，能多快就多快，扣动扳机，对着人群，盲目开火”[25]。

虽然布勒东的宣言及其观点，将艺术创造的新概念指向主要以暴力、破坏和淫秽为主，他的小说《娜嘉》却表明了在这样一种美学与妇女以及女性身体的传统作用之间，潜藏着一种笔者一直都在揭露的关系。在西方文化中，隐藏在女性身材之下的神秘和潜在的深渊，长期以来一直都在扮演着刺激男性创造力的作用，在他们的作品和思想里，布勒东和其他先锋派思想家却一定程度地揭示了暴力、毁灭和肢解一直是这类幻想的完整部分。厌女意象和修辞，在超现实主义那里近乎泛滥，经常以一种可预测的传统方式出现，但这种将传统厌女倾向与他们的暴力美学近乎天真的组合，使得先锋派的作品更趋向一种隐含的真理，关乎我们对美的基本概念理解的本质。

布勒东笔下的人物娜嘉是一个诱人的神秘女郎，就其本身而言，这种主旨就会让小说《娜嘉》在文学史上的意义就如电影开场白中纽约市的一个摇摄镜头一样富有创造性。布勒东的
68 贡献在于叙事者探讨自身如何趋向这种神秘性的关系，以及对于他来说，美到底意味着什么。

布勒东的叙事者，只能通过对语言和语言不确定性的沉思来接近娜嘉，好像她本身就是一种自动化写作，“她告诉了我她的名字，那个她为自己挑选的名字：‘娜嘉，因为在俄语里是希

望一词的首音节，即象征着开始。’就在那时她想起来要问我是谁（以这些词最有限的意义）。我告诉了她，然后她就回到了她的过去，谈到了她的父母”[26]。娜嘉这个女性不是被人命名，而是自己命名。可以说她是自生的，连身份最基本的教条都予以抵制——我们的名字都来自父母——布勒东让她在变身中来谈到自己的父母，旨在突出这种驳斥。她为自己挑选的名字，有一种易变性和可能性的感觉，但并不具体。这样身份问题便又一次得到了回避。

这应该是叙事者采取多种尝试理解娜嘉的命运。正如他随后写道，“她使用一个新形象，便于我理解她的生活方式：就如早晨当她沐浴时，她一边盯着洗澡水一边让身体后退：‘我就是没有镜子的浴室里的那一缕思绪’”[27]。此处的意象，除了一些美丽的平面之外，其本身的深度就已固执地拒绝揭示意义，什么暗示也没有。叙事者竭力在寻求答案，但他的努力无非使她唯一存在的边缘更如一首诗。甚至他意欲终结这种无尽的努力的欲望也在身体平面的诗学中，终结了对自我的构成。如在他著名的令人费解的句子中，布勒东将一切归因于娜嘉：“我想用沾满泪水的手指来触摸宁静。”[28]即使最标准的翻译也很难抓住最初法语诗行中谜一样的魔力。换言之，在还原娜嘉的话时，叙事者所能表达的不过是另一个人身体的神秘宁静——在此情境下，可以想象出手指的皮肤正闪耀着泪水的潮湿。

为了维持厌女主义者的幻想，与娜嘉神秘性关联的是她近乎完全的被动性。娜嘉经常被动地表现出对男人的依赖，且被他们的欲望和幻想建构着：

> 谁是真的娜嘉——那个告诉我整晚都在枫丹白露森林里与一个寻找石头遗迹的考古学家四处游荡的女
> 69 子吗？当然，距离天亮有足够的时间去寻找——但是，假设一切只是这名男子的热情！——我的意思是，真的娜嘉，难道是这个经常给人灵感，并且哪儿都不喜欢去的给人灵感的生灵吗？只有在大街上，这唯一对她有效的地域，也只有在大街上，才能让任何人进入对一些伟大的喀迈拉实施调查，或者她就是那个有时跌倒的人？为什么不承认如此呢？毕竟，既然其他人感到有权对她说话，在她身上只能看到女人最让人可怜之处，却很少得到保护？[29]

即使叙事者对娜嘉真实身份进行反思，围绕她依赖男人的意象和他们的激情展开，那些他所报告的出自娜嘉的言语，还是讲出了娜嘉本人的被动感、依赖感甚至虚无感。叙事者写道：

> 我很好地捕捉到了她声音中的情绪，其回声在我心中久久不能平复：
>
> “在我呼吸停止时，恰是你呼吸的开始。”
>
> “如果你想要，对你我什么也不是，只不过是一个足印罢了。”
>
> “狮子的爪子拥抱着葡萄藤的酥胸。”
>
> “粉色比黑色好，两者在一起却很协调。”

“神秘之前，人不过像一个石头似的，请理解我。”

“你是我的主人。我不过是你唇角呼进呼出的一个原子。”[30]

但是，尽管这些言语不停地重复着一个富有想象力的男人对一个被动地给予人灵感的缪斯的传统幻想题材，但叙事者呼应传统女性气质类型所做的自我反思，还是为小说提供了创造性的审美体验。作为这本书的主要思考内容，由于其著名的结束语，反思变得更加清晰：

就美而言，一定会伴随某种态度，除非是情感上的目的，不然，这种态度显然从未被想象过……不管是动态还是静态，我看见你的同时，就看见了美。正如我所见到的，在既定时刻为了我希望的既定时间并全心相信某事定会出现的那样，认为你定是给了我美的感觉。美就像一列火车，不停地从里昂火车站咆哮而出，我知道这一切永远不会离开，也永远不会留下来。美由颠簸和震惊组成，其中有很多并没有太大的重要性，但就我们所知，这些注定会产生一种震惊，确实如此。这些的确太重要了，我并不想抢过来为我自己所用。在每一个领域，思想挪用了它本身并不拥有的某些权力。美，既非静态也非动态。人的心灵，美得就如地球仪一样……美是会痉挛的，不然，美根本什么也不是。[31]

70 小说《娜嘉》以对美学理论的反思而结尾，就如休谟或康德的哲思一样错综复杂。娜嘉这个人物竟然也是一个美的理念的寓言。她既不是动态的（她的被动性保证了这一点），也不是静态的（因为她太过稍纵即逝）。叙事者的最终欲望，就是不停地重复让她进入他生活中的那种震惊。然而，震惊于这种概念，掩盖了无休止的重复。因为只有震惊的经验与源头本身有矛盾，才可以不停地重复；美只能是痉挛性的，永远在变化中。美不会停留在那些永恒的法则上，也不会处于一种普世标准上，更不会位于内在于自然和人的和谐之上。布勒东对创造性的男人所使用的传统油画的探讨——女性的身体和灵魂以及她身份和欲望的神秘性，使他走向了审美原则的反面：美如果一定要存活下来的话，肯定经常成为自身的对立面。

《胎记》以及其他丑的自传

浪漫主义之后的美学理论有了巨变，但即使在浪漫主义文学传统内，依然可发现后浪漫主义艺术中蓬勃而出的美的阴暗面的痕迹。我们来看两则故事，一则出自19世纪中叶，另一则源于20世纪末，都探讨了畸形与女性美的关系这一主题。纳撒尼尔·霍桑（Nathoniel Hawthorne）于1843年的故事《胎记》（*The Birthmark*），通过科学家埃尔默（Aylmer）的人生经历，描述了“缺陷”与“美”相比邻。埃尔默“精通自然哲学的各个领域”，与美丽的乔治安娜（Georgiana）结婚后，才逐渐意识到自己为妻子脸颊上像手的形状的红色胎记所折磨。正如故事强调的。胎记成了妻子“近乎完美”的脸上一个越来越大的问题：

> 结婚后不久，一天，埃尔默坐在那里望着妻子，面色越来越凝重，不禁开口说道：“乔治安娜，难道你从来没想过你脸颊上的标记可以去掉吗？”
>
> “确实没想过，”她微笑着说，但很快便意识到他语气的严肃性，脸一下子红到了脖子根，“说真的，它一直都被人当成魅力的标记，我也就单纯地以为可能是这样。”
>
> “哦，在其他人脸上，或许是这样，”丈夫回答道，“但千万不要长在你的脸上。不，我最亲爱的乔治安
> 娜，大自然将你降生得近乎完美，以至于这点小瑕疵 71
> 还是让我震惊，我们到底该称这个明显的尘世间不完美的标记是缺陷还是美呢？”
>
> “让你震惊！夫君啊！”乔治安娜被深深地伤害了，她大叫道，瞬间的震怒让她的脸先是一阵红，接着便声泪俱下地哭了起来。“既然如此，你为何还要从我母亲那里娶走我？你不可能爱上一个吓着你的人！”[32]

超现实主义的巧妙反应有可能是，一个人只会爱上让他震惊的人。的确，乔治安娜感受到了她丈夫身体上的反应，这种身体反应让她最终接受了他的实验，这种反应不是别的，就是

“痉挛性的战栗”。

尽管故事表现出的有意识的美学与后浪漫主义积极拥抱美的阴暗面有所冲突，但霍桑的叙事极其相似地揭示出男人对女性身体表面的创造性冲动与伴随这种冲动的潜在毁灭性之间的关系令人不安。

乔治安娜不可能从科学家丈夫痉挛性的战栗给她带来的毁灭性中恢复过来，她信任丈夫能帮她去除胎记，去除这个她本人有可能“有罪、痛苦、毁灭和死亡”的象征。但是，这种对自然的干涉，其结果是致命的。借口去除妻子身上的不完美，埃尔默杀了乔治安娜，“因为她脸颊上的小手，正如她向他解释的那样，代表了她身上的自然之手”[33]。从19世纪晚期试图依靠技术手段去除异常的语境来看，霍桑的故事似乎是一种预言，甚至也是一种警告。乔治安娜身体表面上的缺陷，不仅仅是要被抹除的缺憾，而是遵循“美与善”的规则，这表明了其深层的根源：“这只猩红色的小手，虽然似乎只是表面的，却以一种我之前从来没有任何概念的力量，牢牢地控制了你的存在。我已经动用了高强度的药剂，但无济于事，只能改变你的整个身体系统。现在能尝试的只剩一件事情。如果这也失败了，我们就会被毁。”这就是这个故事不可避免的结果，因为一个能给予妻子完美的治疗方案，也让她失去了生命。

在一个有趣的转折点上，霍桑反思了技术再生产于“美与死亡”之间这一捷径上发挥的作用。当埃尔默意识到已无法挽回妻子的生命时，只好动用最后的储备——达盖尔银版摄影法——以弗吉尼亚·布拉姆（Virginia Blum）所说的方式，“提前使用让·鲍德里亚（Jean Baudrillard）的拟像叙述”[34]，为了“挽救”她的形象：

> 他提出用自己发明的科学过程来记下她的肖像。72
> 要通过光线照在打磨平整的金属底板上才能有效。乔治安娜同意了。但是，一看到结果，她还是被肖像上模糊和辨别不出的五官给吓坏了，而脸颊上原本应该有胎记的位置还是隐约出现了一个细小的手的形状。埃尔默一把抓过金属板，将其扔进装满腐蚀性酸液的罐子里。[35]

在布拉姆对这个故事的阅读中，我们了解到了埃尔默所谓的“科学专长”实际上是艺术学的一种特殊形式，“与其说他的工作与自然科学的发展一致，不如说是与达盖尔法技术的涌现一致”[36]。在对自然的双重背离下，胎记和技术都成了争议的对象，不但没能展示出新乔治安娜的肖像，达盖尔法技术还以脸颊上小手的形状揭示甚至突出了她的缺点。正如布拉姆的评价，这一情节让故事的结尾发生了逆转，假如小手植入美丽的脸庞，就是对埃尔默希望借助摄影术使身体可以长久、永生甚至平面化这一行为的讽刺性拒绝。此处，身体超越了形象，而到最后，形象又将征服身体。[37]在布拉姆看来，埃尔默对妻子胎记的专注已经延伸到了企图借用达盖尔法技术固定她的形象，埃尔默这一行为本身就是男人对美的专注的隐喻。尽管故事是一种“警示”，提醒人们不要干涉自然，但同时也探讨了美的意义，并且描绘了人们如何试图定义和抓住美的意义。这种意图的源头可追溯到人们逃避死亡的欲望，但霍桑认为这种意图是人们追求死亡的策略之一。最后，故事也是一个重要的早期焦虑的证明，说明焦虑与整容过程有联系——对形象的依赖，整容产生的伦理问题，摄影师一般的外科医生所承担的将女性身体“修复”到完美形象的责任，凝视的转移（只要埃尔默还能看到胎记，乔治安娜就不再开心），夫妻关系转化成了外科医生与病人的关系。

当代文学中爱丽丝·门罗（Alice Munro）的短篇小说《面孔》也是关于胎记的故事，算得上霍桑故事的一次叙事反转。叙事者描述了他对“异常自我”被施以权利的感受，尽管这造成了一定的困难和他性。故事是关于胎记受到关注的问题，不过这一次关注并非来自伴侣，而是朋友。叙事者一开始便描述了个人面孔“正常”的一侧：

> 73 我面孔的一侧——是——正常的。我的整个身体从脚趾到肩膀都是正常的……我的胎记不是红色的，而是紫色的。婴幼儿和童年早期时，颜色较深，随着我一天天长大，颜色有些淡化，但还没有淡到不引起任何注意的地步，胎记成了我被他人关注的第一件事，从头到脚，一旦有人从左侧走向我，总要被吓一跳。[38]

不过，叙事者很快就描述了因自己长就了一副怪物模样而产生的负罪感，正如他自己所说，这样的结果便是他与父母之间有一种“怪物般的裂痕”。阅读门罗的故事，不会像阅读霍桑的故事那样有一种羞耻的忏悔感。唯一能够表明故事《面孔》的是对一个弱化了的自我形象的报告，就是叙事者和邻居的女儿南希（Nancy）之间友谊的故事，南希的妈妈一直被叙事者疑为父亲的情妇。南希过去经常吓唬他，她将红油漆涂在脸上后质问还是孩童的他：“现在我看起来像你吗？”叙事者的母亲则像一头母狮子一样经常保护孩子，骂南希是“一个讨厌的小畜生”，不让儿子与她在一起玩。

几年之后，生有胎记的儿子从寄宿学校回到家。求学的经历比预先期望得要好很多。他被同学们取了一个“葡萄干”的绰号，好在同学们人人都有绰号，他并不觉得自己另类。他模糊地记得南希。母亲和他讲述了南希的近况：

> 一个明媚的秋天早晨，南希的妈妈冲向浴室中的女儿，她正将剃须刀的利刃划进自己的脸颊。血滴在地板上和洗脸池里，南希的身上也到处都是。但南希并没有放弃这样的举动，甚至没有喊痛。“是同一侧脸颊，”她叫道，“就像你的。”……一定要尽她所能让她看起来像你。[39]

叙事者一开始假装并不为此事触动，甚至还建议南希去做医学手术来修复面孔。但在他被黄蜂蜇了眼皮住院之后，遇到了一名护士，因为眼皮的原因，他看不见这名为他读书的护士。故事引导读者相信这个姑娘就是南希，她一直都在治愈她的老朋友："突然她的手一下子盖在我的嘴上。接着她的脸，一侧的脸孔，盖在了我的脸上。'我必须走了，这顶多是我离开前的最后一次见面了'。"[40]此处，胎记并非被呈现为对正常的冒犯，而是一次找到独特之处和真相的机会。爱情发生在从前的敌人之间，究其原因是叙事者面孔的独特性，也因为还是小姑娘时的南希就一直对此着迷，尽管这张面孔丑陋或者正是因为这张面孔的丑陋："在此，一些事情已经发生。在你的生命中总会有一
74 些地方，或者只是一个地方，那里，有些事已经发生。接着，会有其他地方，刚好是其他地方"[41]。这是霍桑的小说《胎记》的现代成功版，是一则将霍桑的浪漫主义幻想意图变成今天作为整容文化明证的寓言故事。

真实的面部缺陷的自传，其结构类似"成功故事"。成功分两个层面：内在的自助过程教育人们如何不去照镜子或如何不要认为自己丑陋；外在的过程帮助人们借助外科手术、植入手术和其他技术来实现美。最近一些证明就提出了一个问题，即丑陋是否已经发现自己成了整容文化用以改变原则的一部分。露西·葛雷丽（Lucy Grealy）[42]在她的《一张面孔的自传》（*Autobiography of a Face*）中，讲述了一个从小面部就有缺陷的人的成长故事。九岁时露西就被诊断为颌骨癌，手术让她失去了三分之一的面孔。整个童年，她接受了无数次的面部重塑手术，直到最后一次在爱尔兰的手术中，才有了一张勉强能被人接受的面孔。作为孩子，露西感觉自己异于常人，经常觉得自己只能与动物而不是人共情："我常常认为唯一能理解我的是动物们"[43]。先是小马驹，后是马儿，它们都成了露西的灵魂伴侣，

是她“唯一得到宽慰的源泉”[44]。与爱丽丝·门罗的故事《面孔》中的南希遭遇相似，南希一度关注邻居身上的胎记，露西也被同龄的孩子们认为是“他们见过的最丑的姑娘”。甚至有段时间大家都认为“她太丑了，不能上学”，她只能在家读书。万圣节时露西戴上了一张塑料巫婆面具，有那么一瞬间她似乎得到了解放，因为人人都盯着她看。戴着这张与特殊节日的要求准则一致的面具，露西才能“在正常状态下呼吸”[45]。美妆的凝视在露西·葛雷丽丑陋的迷人证词中，正好与道德化的凝视相吻合。她讲述了外貌带给她的深刻羞耻感：“每次想到我走在人群中，却没有意识到这在他人那里是明显的事实，想到这些时我的感觉不是丑陋，而是一种强烈的震惊。深刻的羞耻感瞬间将我吞噬”[46]。对于露西而言，她似乎完全不可能从她的面部缺陷中抽象出自己的身份：“我就是我的面孔，我就是丑陋”[47]。治愈癌症的过程中，露西对丑的感觉又经历了一个特殊化过程。她开始将她的他者性重新定义为某种肯定性：“我与众不同。异于常人是我要背负的十字架，但是，认识到这一点才是我的补偿”[48]。

接着，露西开始想象一种情形，这与前面我们讲到的吉普 75
赛人的民间故事《月亮》中认为美中隐藏着危险的观念截然相反。露西想象她的丑陋之下一定隐藏着美丽：“可能这根本就不是我真实的面孔，而是某个侵入者的面孔，某个丑陋的侵犯者。我‘真正’的面孔，我意图一直与其相处的那张脸，隐藏在触手可及之处。我开始想象我‘本来的’面孔，一张没有任何异常的脸。全都错了。我相信如果没有人对我做过什么，我一定是漂亮的”[49]。源于身体的变形能力，露西认为，只要能够发现“真实的自己”，那么她一定是美丽的。她把自己的面孔想象成一种液体物质，处于动态变化中，得到这一切的前提是她需要到达某一点：“我的面孔只是已经变成下一个它要成为的形状”[50]。露西的这两句话，揭示了美容话语的核心观点：对一个人外在身体的改变，最为理想的就是要将潜藏或铭刻其中的那一部分展示出来，它们原本就处于身体装饰之前或宇宙存在之前的位置。露西将这类想象看作“奇异的美的幻想”[51]。

露西的故事以她成功地拥抱新的身体形象而结束。经过无数次的手术，她终于拥有了一张新面孔。她回顾自己的过去，记忆中的她曾经多么不愿意看见镜子里自己的形象：“我对眼睛所使用的骗术，是我终生都在拒绝掌握如何称呼镜子里那个人的结果。我的面部一直在变化，根本无暇熟悉镜子里的那个人”[52]。露西竭力去熟悉这个新形象，一旦她成功认识自己，故事也就结束了。当露西的凝视使她不再猜疑自己、面孔和她的丑陋，故事到此也画上了句号。正如后记所说，这本书“理解我们中的所有人从来都不曾感到我们有多漂亮，而此书也让我们质疑美的准确概念”[53]。

杰西卡·奎勒（Jessica Queller）也为理解美的阴暗面贡献了一部重要的纪录片。但就她的例子而言，杰西卡的身体缺陷是一种自我强加。在母亲患乳腺癌去世后，杰西卡就被诊断患有“乳腺癌基因突变”（BRCA），这无疑增加了她罹患乳癌可能，或其患卵巢癌的概率在百分之八十以上。她描述自己听到基因突变的消息时，似乎这就是癌症的实际诊断：“一旦 BRCA

基因测试为阳性，她就如一个癌症患者一样被人对待”[54]。

经过仔细评估，杰西卡决定抛弃自己的乳房——双乳切除术 76
是自我强行完成的癌症预防措施之一。做出这个决定并不简单。杰西卡描述自己是一个“丰满的犹太女人”[55]，她对美的认知一直都包括面容姣好、身材苗条、双腿修长、胸部丰满。母亲做时装设计，从小就对女儿说她长得特别像影星娜塔利·伍德①。想到要植入一副义乳，杰西卡不禁好奇那个样子的自己是否会“感觉畸形”[56]，并且从此失去天然的娜塔莉·伍德似的美貌。事实上，在她做决定的过程中，变成一个怪物的念头不停地浮现在脑海里，这时她就会将自己比作“名流中的反基督”：“压力和焦虑此时已彻底将我变成了怪物般矫揉造作的琼·克劳馥②”[57]。

杰西卡的决定很大程度上受到了她对美的感受的影响。她能想象自己戴一副义乳的样子吗？她不但做了研究调查，还约见了其他 BRCA 基因诊断为阳性且切除了乳房的女性，比如苏济（Suzy），杰西卡在星巴克咖啡店的卫生间里观察苏济的乳房：“苏济看上去并不吓人也并不畸形，她的乳房漂亮极了”[58]。最后杰西卡决心去做手术。是时候和自己的乳房说再见了，这一对承载着她对美和女性气质认知的乳房，要替换成硅胶：“坐在卧室的一面大镜子前的地板上，我一个小时内都在凝视着自己裸露的乳房。这听起来很可笑，但我确实为它们难过。为了

---

① 娜塔利·伍德（Natalie Wood，1938—1981），美国演员，曾出演电影《西区故事》（1961）。——译者注

② 琼·克劳馥（Joan Crawford，1904—1977），美国演员，1999 年被美国电影学会评为“百年来最伟大的女演员”之一，曾出演电影《欲海情魔》（1945）等。——译者注

健康它们必须作出牺牲”[59]。在杰西卡·奎勒的自传里，健康和美是同义词。漂亮的乳房却有可能会“杀死”自己，正如杰西卡所说，这个想法让人难以忍受。新植入的义乳，不但降低了患乳腺癌的风险（这并非标准的统计信息意义上的判断，只不过表达了她的心理预估），而且也强化了她的自我认知，这才是她经常想成为的那个人。在故事结尾，杰西卡将个人的经历扩展到了其他人格领域：“我生来就有个越来越被轻视的名字，[60]我意识到我有能力改变它，我遗传了从数据分析上确认具有患癌的基因，我采取行动去避免它……我相信可以使用生物科技，提升一个人的身体健康”[61]。杰西卡的故事，读来就如一个生物科技改变身体状态的宣言，意图获得一种经常处于变动不居和开放状态并用以改造身体自我感受。杰西卡的书名就有这样的观念：《美是变化的一切》（*Pretty is What Changes*）。她的自传讲的就是这样的故事，通过采用一种破坏措施，能够产生一种新的美——健康的美。关于整容美，有一个庞大的论坛和追随
77 者，这一点可从基于健康美理念的《新美丽》杂志得到证明：“《新美丽》相信，看起来漂亮和感觉上漂亮，不仅统一而且一致”[62]。这本线上杂志也是一个论坛，用来广而告之运用侵入和非侵入手段的美容外科术。

根据露西·葛雷丽和杰西卡·奎勒的自传，爱丽丝·门罗关于胎记的小说《面孔》，反映了肇始于超现实主义者美学革命的正常化。他们激发了一直以负面形式表现在纳撒尼尔·霍桑故事的“胎记”中潜伏的美的阴暗面。经过对美学鉴赏目标的重新定义和要求总体接受这样的美学过程之后，一些类似门罗一样的故

事，便可庆祝传统意义上以丑知名的标记所具有的日常吸引性。

然而，门罗的故事暗示了一种潜在的对其描述的爱的病理化处理。小南希和朋友的标记之间的关系令人不安。她对标记的欲望，能否解释为是对她最初对叙述者攻击的一种超我补偿？同样的方式，卡洛斯·布鲁克斯（Carlos Brooks）在 2008 年上映的一部电影《补偿》（*Quid Pro Quo*）中表现了截肢者的离群现象，他们或因选择成为截瘫者或可能成为截瘫者。总之，与原初的创伤之间有着一种草率的因果关系。在电影中，尼克·斯塔尔（Nick Stahl）扮演一位截瘫病人，另一位和他一样瘫痪的女子愿意成为他的朋友。当电影揭示出这个女子就是当年撞碎尼克父母汽车的那名儿童司机，事故发生时尼克还是个孩子，却不幸瘫痪，此时我们几乎能够预测的电影情节顿时发生了逆转。女子的创伤终于爆发，成为她心底终极“补偿”的欲望，电影令人可笑地提供了这一点，尤其是当女人的牺牲可以换来斯塔尔扮演的电影人物重新站立起来行走。

但是，在病理化之后，无论是微妙还是公然，此类文本的流行业已说明美的阴暗面已经成为主流。充斥在汉斯·贝尔默①作品中的扭曲的裸体女性和被肢解的洋娃娃，可能在观众的心中仍会引起怪异感觉，但和很多先锋派作品一样，这些作品一直都是色情作品。

贝尔默摄影作品中明显的肢体残缺色情学，轻松地演变为众多当代艺术家有效运用的畸形色情学，其中最著名的可能算

---

① 汉斯·贝尔默（Hans Bellmer，1902—1975），德国画家、雕塑家和艺术家，以人偶系列摄影作品而闻名，代表作品为《洋娃娃》（1934）等。——译者注

80 得上艾米·穆林斯①。尽管她是以在艺术上创造性地使用自己的身体而得名（膝盖以下的双腿被截肢），但在这样的语境中提到穆林斯，则是由于她本身相貌上毫无争议的色情主义，尽管她个人愿意透露给人们的不过是震惊。正如马夸德·史密斯（Marquard Smith）如此描述马修·巴尼（Matthew Barney）执导的电影《悬丝 3》（*Cremaster* 3）中穆林斯的外貌，“如果她的出场只是给予一种温和的惊讶，那么，这一切不过是对残疾身份肯定性的政治学敷衍罢了……似乎这一切并未对她的恋物崇拜或者同谋带来多大差异，换句话说，其中只是暗示她自己的变态”[63]。

怪物：从可见到隐形

尽管穆林斯和巴尼并未偏离色情领域来使用截肢和畸形，但韩国表演艺术家李昢（Lee Bul）的身体表演和升级版的怪物画作，却完全摒弃了色情，有时还在女性气质和怪异之间的联系上建构出一条捷径。

例如，在题为“为痛苦抱歉——你认为我是野餐会上的玩偶吗？”（*Sorry for Suffering—You Think I' m a Puppy on a Picnic?*）这一持续 12 天的表演中，李昢从韩国的南浦机场出发，一直行

---

① 艾米·穆林斯（Aimee Mullins，1976— ），美国运动员，曾获 1996 年美国亚特兰大残奥会短跑冠军，同时身兼模特、演员和社会活动家等身份。——译者注

走在街上，穿过了首尔的很多地点，从头到脚都裹在柔软且移动的雕塑中，它们融合了“生态机械装置的幻想和噩梦，是肉体和化学聚合物的混合体”[64]，因而给予观众一种难以归类的暗恐（uncanny）形象。李昢的《怪物展》（*Le Consortium*，Centre d'art contemporian，Dijon）中展出了一组雕塑，它们由徘徊在多种触须般的附属物和模糊的似乎是女性身体部位之间的元素组成。并不排除这组雕塑与色情联系的可能性，但是，就在艺术家具有纪念意义的作品《Hydra Ⅱ》中，巨型的扁平触须刻画了艺术家身着高筒皮靴和网格长筒袜且双腿叉开的巨型影像。李昢一直在探讨的女性气质和怪异之间的联系到底是什么？

“怪物”（monster）一词的词根为希腊语“teras”，兼有“吓人的”和“卓越的”意思。正如罗西·布雷多蒂（Rosi Braidotti）指出，恰如李昢所展示的那样，怪异和女性气质之间有着许多共同性。[65]自从亚里士多德的著作《论动物的生成》（*Generation of Animals*）完成以来，女性尤其是母亲就一直被与异常（非男性）相联系。意大利科学家乌利塞·阿尔德罗万迪（Ulisse Aldrovandi）——在《历史上的怪物》（*Monstrorum Historia*）这本书中，就将各种各样怪异的杂交物种进行了归类。在阿尔德罗万迪看来，这些畸形的怪物是自然的错误（erratis naturae）。唯一能将怪物概念化的方法，则通过想象怪物的对立 82
面，或者借助怪物缺乏正常标准，也即缺乏“正常的男性身体”那一方面。接着，阿尔德罗万迪就怪物是否介于人与动物之间的杂种将它们分类（比如长了猴子脑袋的女子），它们要么过度（如长着一个头、两个身体的怪物），要么缺乏（比如一个没有鼻子的孩子）等。[66]正如罗西·布雷多蒂指出，将怪物看作缺乏或错位的观点，在结构上是与女性领域做了比较，毕竟女性就被排除在男性标准之外。[67]

根据K.E. 奥尔森（K. E. Olsen）和L.A. 侯文（L.A.Houwen）的观点，怪物的身形从古典时代就有不得不被人征服（比如许德拉或美杜莎）的非人特点，到基督教中世纪经常被阐释成神创造的秩序而被“人”化的怪物，一直都在变化。[68]尽管那些“异常的”身体也是上帝神圣造物的一部分，但由于它们溢出“正常”的标准过多，便成了上帝失败的造物，毕竟上帝通过造人这一领域旨在强调上帝的无所不能。这种“从存在论意义上的怪物到伦理观意义上的怪物之间所有的演变”[69]，将更大范围的“他者性”融进了人这一观念，异常的观念与作为他者的女性身体也被包括在内。

根据芭芭拉·杜登（Barbara Duden）的观点，18世纪见证了如何将一个“被孤立、客观化以及物化的躯体”创造成为一个认知的客体。[70]随着大量的现代医学学科的确立，出现了认识论上的缩合。整形外科学就是其中之一，是一门专门用来研究儿童残疾预防和矫正的学科。整形外科学的奠基人，法国医生尼古拉·安德烈·德·布瓦-里加（Nicolas Andry de Bois-Regard）对这门学科的命名过程，作了如下解释：

至于名称，我用“Orthos”和“Paidion”这两个希腊词汇构成，前者指笔直和脱离残疾，后者指一个孩子。将两个单词合成为一个词“Orthopaeida”，我希

> 望用一个术语表达出我提议的设计之意，用来教授不同的预防和矫正孩子畸形的方法。[71]

然而，安德烈口中的残疾，并非我们今天所说的“基因缺陷”。他集中讨论最多的还是一些常见问题，比如不良坐姿造成的问题，正如他的一幅作品从象征的角度所表明的“一棵周围绑了柱子的树，努力矫正树干的弯曲”。18 世纪中期的文化，已经有了准确思考正常身体和矫正之间关系的方法，两种状态之 84
间的矢量彼此独立，却向一个方向生长，如刚才所说，柱子就是畸形的树的模型。[72]那些不能同一或得到矫正的人，形成了一个被社会遗弃的群体，并一度被神秘的生灵控制。他们有可能成为怪物。18 世纪的观察者们一致认为，这些怪物都是女人所生。

当时盛行的理论将怪物的形成归因于女人妊娠期的思想或心理状态。在一个最令人震惊的母亲想象的例子中，拉瓦特尔回忆说有个妇女怀孕时看到了一个被执行死刑的人，此人的头和手都被砍去。待这个妇女的孩子出生时，竟然没有右臂。[73]畸形身体能因母亲的想象而产生这一“神话”，在 18 世纪非常普遍，甚至在整个启蒙时代以及之后更长一段时间内都很盛行。[74]即使怪物家谱学一直有其迷信基础，但到 18 世纪早期，怪物的存在已经降级为医学解释，其不规则也已得到正常化，[75]因此怪物给人的感觉不再是恐惧，而是一种恶心。[76]

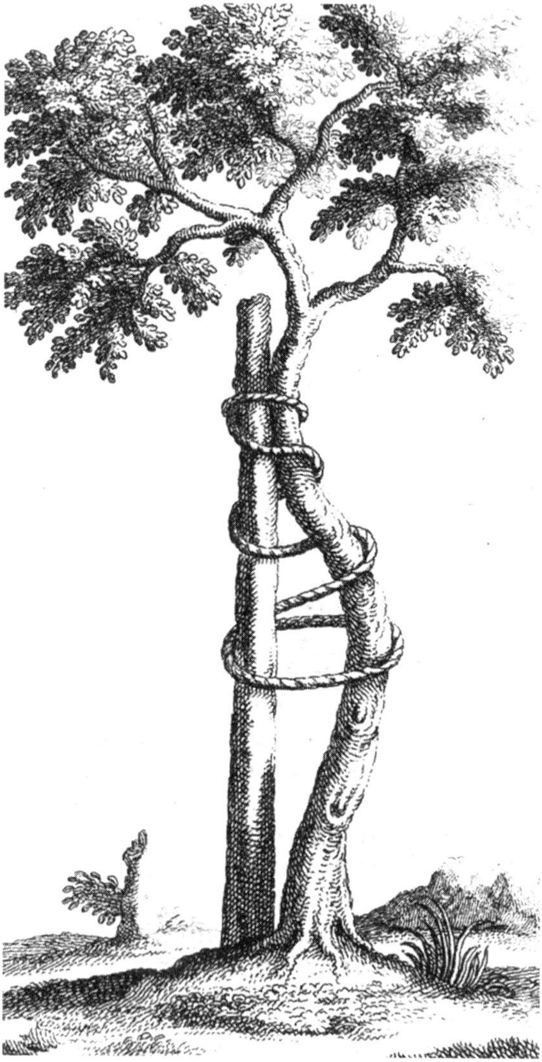

图 2.1

尼古拉·安德烈·德·布瓦-里加，《一棵周围绑了柱子的树　努力矫正树干的弯曲》(*A Tree Bound to a Stake in an Effort to Correct the Curvature of the Trunk*)，1701 年作。

关于这一主题，拉瓦特尔专门辟有一节“那些孩子降生就有的标记——论怪物、巨人和侏儒”，来说明他的理论。拉瓦特尔陈述说怪物的产生是由于身体部分和整体之间不成比例的糟糕关系。怪物“是一个活的有组织的生物体，其构造违背自然秩序，出生时就多长或少长了一个或多个身体部位，有些部位还被放错了位置，相对整体的比例，它们要么过大，要么太小”[77]。与在他之后的切萨雷·龙勃罗梭不同，拉瓦特尔看到怪物就感到难受。他承认会忍不住“转过头去，不看那些卑贱的生物，不看那些畸形的形象，不看那些让人生厌的和怪异的面具，这些人类的垃圾”[78]。

将龙勃罗梭和拉瓦特尔的怪异描写作比较，我们会发现两者相差的这一百年间发生的事情有诸多暗示。就龙勃罗梭而言，怪异的观念很难与女性气质的观念分开，似乎两者分属同一生物体的两个方面。对于龙勃罗梭来说，女性和罪犯罕见的苟合，会产生一种让人不舒服的怪物，他只能使用“怪物”这样一个术语，这一术语已被长时间使用，代指与自然进程相悖的一切事物：

> 女性罪犯有双重例外，首先作为女人，接着作为 85
> 罪犯。这是因为罪犯例外于公民，女性例外于罪犯，女性天生的退化形式是卖淫，不是犯罪。原始的女人是妓女而非罪犯。作为一个双重例外者，犯罪的妇女是一个“真正的怪物”。诚实的妇女可以依照诸如母性、忠诚和软弱这些因素进行排队；尽管有这些限制，

但当一个妇女犯罪时，就是她身上巨大邪恶力量的标志。[79]

在龙勃罗梭看来，女性罪犯是丑陋的，因为她们的外貌显得比常人要精力充沛，并且思想也活跃得多。引文最后一段继续为龙勃罗梭作出更多证据，这是因为妇女天生的撒谎能力以及其他很多弱点，母亲身份是唯一治愈妇女天生缺乏理性和共情的方法。总的来说，女性罪犯先天缺乏母性，这又给了龙勃罗梭一个证明其观点的例证，在他看来，原始人、野人以及罪犯中两性的差异不大。为了安全考虑，性别区分一定要明显，而母亲身份是洁净的女性气质最安全的标志之一。

龙勃罗梭的凝视，很好地呼应了拉丁语“展示”（monstrare）的词源。他暴露了一种异常。不像拉瓦特尔，他并没有转过身去。事实上，我们一定会将龙勃罗梭的凝视解读成传统意义上的变态，因为他为之困惑与着迷的并非正常，而是异常。对他来说，实际上“正常”根本不曾存在，就如我们在他最为极端的说明中，在他对女性罪犯的叙述中所看到的那样。女人在定义上就是不正常的。既然女性经常具有潜在的危险性，那么她那常态下的外貌一开始就要被高度质疑。为何龙勃罗梭的许多人体测量学，即使不能普遍化，他还要坚持继续测量人的颅围、发色、年龄、性别和出生地，并收集相关的数据？他拼命想看到的究竟是什么？正如大卫·G. 霍恩（David G. Horn）指出，龙勃罗梭对他一直寻找的事物讳莫如深，他也将人类返祖的模型与音乐和弦中的音符或印象派画作进行对比。[80]我们可能会得出结论，对龙勃罗梭而言，美本身关于所有危险性中女性气质的特点，实际上来源于丑陋之处，或者说美是痉挛性的。这一点为后来的超现实主义者以一种更加具有自我意识的方式提出。只有理解了这个颠倒了的概念，我们才能彻底理解龙勃罗梭迷恋什么，以及拉瓦特尔试图不看什么——美，蕴含在美的对立 86
处，也就是美的阴暗面。

出版过《搏击俱乐部》（*Fight Club*）的作家恰克·帕拉尼克（Chuck Palahniuk），他的另一部小说《隐形的怪物》（*Invisible Monsters*）主要由一个变成畸形人的时装模特讲述。围绕叙述者成为“怪物”这一事件展开，故事主要讲的是一个大家公认的美女突然变丑之后到底会发生什么。当漂亮的时装模特在高速公路上驾车时，被人开枪击中了面部，失去下颌，造成了她面部畸形（用她自己的话说，只留下“半张脸”）。与露西·葛雷丽的情况类似，她不仅丧失了正常的身体功能（只能进食婴儿食物），也失去了声音（不能讲话）。在康复过程中，她认识了变性人布兰迪·亚历山大（Brandy Alexander），并与之成为朋友。布兰迪接受变性手术后，正在康复，故事大部分内容都是叙述者在回顾她与布兰迪一起度过的日子。正如她的讲述，似乎两人的相遇早已注定，她们的遭遇被描述成了一则女性痛苦的寓言，这一点可以从她们对刀口的欲望和需求中得到表现：

> 千万不要将这一切看作偶然。我和布兰迪，必然会相遇。我们有许多共同之处，我们俩的一切都接近于相同。对一些人来说，事情发生得太快，而对另一

> 些人来说，事情又发生得太慢，但对我们俩来说，无论是偶然还是必然，我们终将以残疾告终。每天都有许多女性知道这种越来越看不见的感情。[81]

在小说前面的部分，叙述者的怪异和隐形都表现为与其女性气质的深刻有关。她想念曾经被标记的感觉：“没有人愿意多看我一眼。我是隐形的。我很想有人跑过来问我到底发生了什么。”[82]从一个被标记为可见性的时装名模变身成为一个隐形的残疾人，叙述者的“易容”过程，不仅推动着故事的发展，也刺激着小说的主人公，让她痛不欲生。她清楚地意识到要造就一个新的自己，她必须再一次成为那个可见者。但是如何成为呢？当布兰迪从男性变成一个女儿身，正在学习女性的说话方式时，叙述者也正在学习没有下颌骨的说话方式。两个人都接受了新的身份，一个通过有意选择，一个由于事故或作为女性的不幸。布兰迪为朋友起了很多新名字，其中就有黛西·圣·帕圣西（Daisy St. Patience）。小说叙事方式主要采用了回忆的非线性顺序，叙事中还夹杂了很多八卦信息，比如叙述者和她做时装模特的朋友艾薇（Evie）之间的竞争，叙述者和她的同性恋哥哥肖恩（Shane）互相争夺父母的关爱。小说结尾，叙述者
87 这个“隐形怪物”的名字香农·麦卡法兰德（Shannon McFarland）才被透露出来。名字被透露之时，不仅是香农彻底抛弃之前漂亮长相的记忆之时，更是她发现自己新形象的“真相”之时：

> 我不再提及我曾经很漂亮的故事，也不再提及我曾经穿着紧身连衣裙性感火辣地走进房间、人人抢着给我拍照的故事。这种引人关注曾经让我觉得值得去保持并一定要保持那种状态的想法，也被我远远扔到了身后……凯瑟琳嬷嬷给我带来了我想要的东西，拜托啊，不过是一些照片，8×10 寸大小的我的白底高光照片。它们无所谓好坏或美丑，不过是我的样子而已。真相、我的未来、最普通不过的现实……此刻或下一刻或再下一刻……直到永远，我不再需要它们了。[83]

这些不是露西·葛雷丽在她的传记里描述的经历。她从来没有像小说中的香农那样真正地“接受了”自己的命运。在美的阴暗面的语境中，香农最终接受的这个“我的样子”，是在她成为枪击案的受害者以及经过整容外科手术重组之后才成为的样子，至于枪击案的原因，小说没有作任何解释。

在恰克·帕拉尼克的网站，作者自己爆料了写这个故事的灵感：

> 几年前，我坐在自动洗衣店里完成了第一稿，那时为数不多能阅读的杂志大概有《智慧》《小姐》《魅力》《风尚》等。所以我就开始研究杂志里的语言和关于时装的描述，当你最后发现单词“毛衣”前，已有60 万个形容词。我就想，为什么你不用这些语言写一本书呢？所以我就开始写了。这是一本关于时装名模

> 的书，整日处于关注的中心，直到有一天她在公路枪击案中被人击碎了面孔。后来，她就成了文化上的隐形人，并且认识到那些害怕承认你在场的人远比一直关注你的人拥有更大的权力。[84]

帕拉尼克给我们提供了一个白雪公主版的整形外科童话故事，描述了一个富有女性气质的美人被迫走向毁灭的故事。植根于拉瓦特尔和龙勃罗梭的传统，帕拉尼克世界中的女子，天性就是“隐形的怪物”。从基因上来看，走向衰老的过程很容易让她们变得怪异。和《搏击俱乐部》一样，帕拉尼克给这种两难处境提供的答案就是美容外科手术，但不只是看起来年轻，而是要用斗争的方式华丽地转身。他建议女性一定要找到征服美的武器。本着超现实主义者的精神与他们对美的痉挛性的观念，帕拉尼克的建议就是一把枪：“镜子啊，墙上的镜子，谁是最漂亮的女人？邪恶的女王愚蠢地玩起白雪公主的游戏。有这
88 样的时代，女性在这个时代必须前进，直到找到另一种力量。比如金钱，或者一把枪”[85]。

美，是善的指南。美，是诅咒，裹挟着我们奔向物质世界。基于美的概念，女性的身体已经被用以象征欲望和怪异，拯救我们，使我们成为整体，同时也代表着畸形。这可能正是现代的美的理想之所以要在去除差异的欲望和消除此类需要的各种残缺的迷恋之间，矛盾挣扎的原因。鉴于这样的历史，那些为实施正常状态所创造的介入，应该为那些寻求不同的美的人们一起挪用，这并不让人感到奇怪。

迈克尔·杰克逊的个案和其他为美整容的受害者

美的概念，曾一度是自然和谐的标志之一，但在今天的文化中，已经不再与为了美付出的努力、欲望甚至刀口和畸形等有所区别。这是整容美的文化。这种文化，可谓继承了美学上的先锋革命和传统上将美看作自然秩序和美好灵魂的观念，但这种文化中技术控制身体的可能性已对柏拉图“美与善”的观念进行了重写，并将其变成了一张切割、变形、拆分以及重构的执照。如果传统的美的概念认定一个人的内在本质和外在相貌之间具有能指关系，那么整容美的伦理学则卷入了一场内外泾渭分明的大规模坍塌。连续两年，美国人每周都在观看福克斯广播公司播出的电视真人秀节目《白天鹅》，其中塑造了“惊人的变形”，选手们彼此竞争，比拼谁的变化最大，此类惹人注目的变形包含的不只是外在美。用节目创办人的话来说，从内到外，女人都需要改变自己。表现在外表上的改变，取决于选手们内在所做的改变，他们采纳了一种自我完善的新伦理，要对自己的血肉进行直接雕刻。

迈克尔·杰克逊（Michael Jackson）意图超越种族、年龄和性别的类分，为此他做了无数次的外科手术介入。杰克逊使用甚至滥用了美妆的凝视，以此来逃避长相如黑人、老人和男人的特点。在他顿然离世之后，《诱惑》（*Allure*）杂志竟将这一切

杜撰成了“从明显具有族裔性但被人喜爱的孩子，到长着另一
89 个世界脸孔的大男孩的变形记”[86]。杰克逊对面孔的改变可被看作部分“变身”（passing）。[87]“变身”是桑德·L.吉尔曼（Sander L.Gillman）的术语，指的是生来并不属于某一群体却试图跻身这一群体之中的一种尝试。借助外科手术介入，杰克逊一步步地丢掉了标记非裔美国人身份的许多传统面部特征。随着他的面部特征越来越细腻，杰克逊看起来也不再那么男性化，而他的相貌也逐年变得越来越具两性同体特征。相反，他的男性气概不过成了舞台需要才不得不保留下来的表演成分。

杰克逊的身体塑形至少在三个方向发生了变动——削弱与他非裔祖先有关的典型标记、模糊性别、保持永恒的青春形象或者他所称的彼得·潘综合征（Peter Pan syndrome）。方法很多，最后的方法却是所有这些变化的基础本质，因为保持一名
90 儿童的形象，意味着处于变动或潜在性的常态中。处于儿童状态的欲望已经逾越了杰克逊的人为介入，蔓延到了他的身体之中。他也确实让自己的周围布满了儿童（这一实践引发了几次司法程序）。《彼得·潘》（*Peter Pan*）的开场白成了杰克逊的箴言：“除了一个人，所有的儿童都在长大。”

通过身体塑形，杰克逊挑战了年龄和黑人男性气概的僵化分类，同时也表明了如今整容文化的中心悖论。正如他接受奥普拉·温弗瑞①的采访时曾说的那样，“我是个黑种美国人……

① 奥普拉·温弗瑞（Oprah Winfrey，1954— ），美国演员、制片人和主持人，主持著名电视节目《奥普拉脱口秀》，不仅有脱口秀女王之称，也被称作传媒女皇。——译者注

我很自豪自己是个黑种美国人。我为我的种族而自豪”[88]。他也言辞激烈地为自己辩解，说他喜欢和孩子们睡在同一张床上，但这并不意味着他就是个恋童癖患者。杰克逊拒绝接受类似种族、性别等僵化分类，似乎对属于任何固定类别的观念都觉得不适。“属于”这个词汇本身，就令人不悦。

梅雷迪斯·琼斯认为，杰克逊为自己创造“白面具”[89]的概念，类似于之前讨论过的性别动力中女性气质面具的功能。问题不在于肤色本身，杰克逊从未停止过坚称自己是黑人，并为自己是一个黑人而骄傲。问题在于杰克逊希望逃避本质上被标记的藩篱。这大概可以用来解释之后很多年他一直都在避免展示自己肤色的趋向。

当杰克逊说他为自己是个黑人而骄傲时，他正在抵达一种内心的平台，借此表达了自己潜在的归属，这并非简单地接受公共可见的社会或种族分类。这种如何为内心的存在找到表达的方式，只能是一种个人创造的问题。

这种内心的存在不依赖任何具体的社会分类，却源自作为人的整体感受——我是什么人？我竭力通过能够实现的整容可能性将这些东西表露在外。它们可以是美、永驻的青春、长生不老、一种后性别或后种族身份。杰克逊的“白面具”，不能简单地被降格为对他所属种族的一种否定，而是表明了今天美国身份问题的复杂性。在美国这种受“一滴血”规则支配的文化中，一滴非裔的血就足以认定一个人为黑人，因此杰克逊对他的种族身份外在痕迹的控制传达了他的意愿，也传达了检验这种含纳性范围的欲望；同时，更是表明了他对所在共同体的集

体历史遗留下的压迫标记的抵制。正如社会学家迈克尔·埃里
92 克·戴森（Michael Eric Dyson）在杰克逊去世后于《滚石》（*Rolling Stone*）杂志上的撰文所说，“他不曾遭到黑人们的反对，这是因为他们认识到了他不过是运用脸孔在行动，而这正是我们这个集体一直在灵魂深处试图做到的——洗白令人不安的黑色带给我们的记忆和痕迹”[90]。

在某种程度上，迈克尔·杰克逊迎合了美妆的凝视的要求，并使其达到最完美的程度。20 世纪 90 年代，杰克逊整形过的身体成了变化和进步的符号。1992 年，著名的“危险之旅”世界巡回演唱会开幕式在布加勒斯特举行，迈克尔居高临下，在罗马尼亚粉丝的高声尖叫中，迈克尔照片上的姿势整整保持了 5 分钟。作为一个变化的符号，杰克逊雕塑般的身体似乎凝固在了时间、性别和种族的不稳定性中。近 20 年后，在他最后一次世界巡回演出“就是这样”的排演中，[91]有人从舞台下拍摄了编舞设计中他的 11 位克隆伴舞者，令人想起早年这位摇滚巨星宛若符号般的世界巡回演出。遗憾的是，由于杰克逊在 2009 年 6 月 25 日猝然去世（距离他最后一次巡回演出预计的首场演唱会只有 18 天），这次演出终未成行。尽管随着年龄的增长，迈克尔的活力有些削减，但令人怀疑的是他的舞伴，能否再现 1992 年流行巨星在罗马尼亚粉丝们那里造成的时间凝固。

93 在 Awfulplasticsurgery. com 网站上，一些人提起迈克尔·杰克逊时，只记得他是一个“可怕的名流”，这个名号不是源于他的音乐和舞蹈，而是源于他的外貌本身和外貌的不稳定性。

迈克尔去世后，竟有大量博主这样评价他的长相：迈克尔·杰克逊本周去世。公众永远不会忘记他那些伟大的歌曲和演出。他们也会记得，他是一个很多年来不停地改变自己外貌的怪人；1993 年之前他是一个长得很好看的男人。我很好奇，是谁同意他做了这些没必要也不符合伦理的手术？[92]在众多的网站哀悼中，多数博主都认为杰克逊做得过于离谱。塔拉（Tara）对她创办网站 Awfulplasticsurgery. com 的动机如此解释：

> 我在 2003 年底创办了这家网站，当时只是想找一种方式来私下记录过去几年我个人关注的所有好莱坞涌现的没必要的名人整形手术。阿尔·帕西诺（Al Pacino）做了面部提升，却毁了他独特的俊朗模样。似乎在 2003 年，每一个小影星或小歌星，比如香农·伊丽莎白（Shannon Elizabeth）、苏珊·沃德（Susan Ward）、克里斯蒂娜·阿奎莱拉（Christina Aguilera）、布兰妮·斯皮尔斯（Britney Spears）等，都做了胸部填充。好像这些就是一部分好莱坞的“标配”，就如超白的牙齿一样。所有前面提到的女星都做了隆胸手术，使得她们看起来……好像做了“一个尺寸适合所有人”的类型化整形。[93]

塔拉的“糟糕记录”很容易让人想起切萨雷·龙勃罗梭的面部清单，两者都对整容的优劣做了区分。至于猫女乔斯林·威尔顿斯坦（Jocelyn Wildenstein），塔拉对这位“失败的整形外科手术病人”这样写道：

> 我相信，希望更有吸引力的欲望加上情感问题，引发了众多类似乔斯林·威尔顿斯坦这样糟糕的整形外科病人。对于她这样的病人，初始阶段的整形手术对她的情感生活有所改善。但随着年老色衰，她决定施行更多的整形手术，后来竟越做越多。我真的相信，她的个案属于一种整形上瘾行为。但我也觉得，应该起诉那些为她整容的医生，因为她明显属于精神不正常。[94]

塔拉的博客，实际上讨论了整容分类学和美的阴暗面。在她的评语旁边有一些描述她相貌“怪异”的帖子，也相应地贴了威尔顿斯坦做过的一些外科手术名称，类似激光脱毛等所谓“天然”无侵入的手术广告。猫女显然已在标准之外，这让博主感到很不舒服，于是她反过来诘问自己：“你能不能看起来正常些？”很明显，今天对美的建构中，可见的破坏性动力要遵循那些可被接受或不被接受的严格线路进行组织。与博客讨论乔斯林的变态一同出现的广告已经表明成为例外是如何选择的。

95 正如梅雷迪斯·琼斯在《合身：整形外科的解剖学》(*Skintight: An Anatomy of Cosmetic Surgery*）一书中指出，像迈克尔·杰克逊和乔斯林·威尔顿斯坦等的个案，最终都在很大程度上拥有了对文化常规化的功能：“他们是整形外科手术，作为新出现的技术，要求自身合法化的一种卑贱且杂交的他者性的专属代理人”[95]。在这个代表过度整形的市场上，合法性的功能似乎从未偏离过一种欲望，为这些技术能够做到的过度和失败而兴奋。与拉瓦特尔和龙勃罗梭的观点一样，吸引力的定义似乎与其表面上排除的客体有着亲密的甚至共生的关系。用于这些间接感受到的兴奋的市场，包括纪录片《整形灾难》（*Plastic Disasters*）和刊登大量整形灾难故事的女性杂志。法国色情明星洛洛·法拉利（Lolo Ferrari）就是典型的整形灾难案例，“一个全面的悲剧人物：事关名流、整形以及色情世界的玛丽莲·梦露（Marilyn Monroe）或科特·柯本（Kurt Cobain）”[96]。洛洛的乳房曾被收录进 1999 年的《吉尼斯世界纪录大全》。这对乳房据报道胸围达到近 180 厘米，重达 2.8 公斤，里面注入了 3 升的氯化钠。洛洛的乳房在她接受过 22 次的隆胸术之后，显然已经超出了“标准”。有人认为这是洛洛对男权标准化凝视的抵制，是一次女性主义的进步，洛洛已经意识到了这一点并故意去逾越。[97]的确，这位色情明星超出了人们对女性气质的每一项期待。乳房和拥有这对乳房的洛洛·法拉利，都逾越了生育和性的领域，毕竟这是乳房被赋予的天然属性。正如洛洛自我描述的那样，她的这种“完全人造的女性气质”已经到了让人震惊的地步，甚至有人还将这一地步解读为赋予她更多的权力。

2000 年洛洛·法拉利猝死之后，洛洛的丈夫被控谋杀罪，但不久洛洛又被宣布为自杀。博主们似乎都愿意原谅迈克尔·杰克逊，但一致认为洛洛的早逝要其本人负责，甚至有人认为她是“咎由自取”：

> 这对玩意儿一点也不自然。如果回收这对大玩意儿里的塑胶，可以制造好几辆 SUV 的保险杠了。洛洛·法拉利被人奉为“全球乳神”，她的那对硅胶填充过的乳房，胸围据说达 71 英寸（177.5 厘米），跟她的乳头一样丑陋。一旦没有束缚，她的乳头就会自己蹦出来，直接在她熟睡的脸上滚来滚去，我想它们可能要起诉她丈夫。[98]

96 这位名为库玛（Kuma）的博主，想象洛洛那对人工增大的乳房有了自己的生命，一定会亲自“复仇”，自然让人联想到韩国艺术家李昢的怪异雕塑，其中女性的身体部位就获得了生命，它们不仅身躯庞大，而且充满威胁性——这与“成功的”整形外科要求的隐身性形成了完美的对立。

这样的复仇形象也可能源自 1964 年的科幻恐怖惊悚片《原子头》（*The Atomic Brain*），又名《怪异性》（*Monstrosity*）（在网站“Badmovies.org”上推出过）。电影中的一名老寡妇失去美貌之后，就想方设法将自己的大脑移植到三个年轻漂亮的移民女性的身体里，碰巧她们都应聘了一个疯狂科学家张贴
97 的招聘广告。这样的身体“交换”并没遭到惩罚。当琼斯指出洛洛·法拉利死于隆胸时，援引的似乎是相似的逻辑。洛洛没能从“整形最多者的幸存”中幸存下来。在整容文化中，通常情况下那些整容最多者都很难幸存下来。这样，我们有必

要考察整容的规范性，讨论人们如何以及何处才能找到更好的我，并最终融入桑德·L. 吉尔曼谈论的“没有标记的隐身性”中。

新美貌，或者整容者的幸存[99]

“二战”之后，面相一词成了禁忌语，尤其是在德语国家。然而最近几十年里，面相这一术语虽然还是要注意避免使用，但重新被发现，这表明了人们对身体美的科学兴趣。[100]比如坎宁翰（Cunningham）的研究，[101]就试图证明面部吸引力是一种普遍性观念，可以超越不同文化间的界限。凯伦·K. 迪翁（Karen K. Dion）、E. 贝尔伊德（E. Berscheid）和 E. 沃尔斯特（E. Walster）在 1972 年所做的一项颇有影响力的研究，[102]就证明了身体的吸引力影响着人们对他人的评价。在这项研究之后，许多心理学家纷纷开始关注一个人的身体美和其他正面属性之间的关系。尽管这些早期研究多集中在社会固化类型的影响上，但今天的身体吸引力研究正经历着一种达尔文美学的复苏。[103]比如维克多·S. 乔斯顿（Victor S. Johnston）就提出“身体美是一种性的特点”，身体的吸引力来自感受者的大脑和被感知面孔之间的互动，二者以一种互补的方式，在类固醇荷尔蒙的作用下得到修正。[104]那些试图质疑所谓的美和其他正面属性之间的自然联系，或者试图从历史的视角看待这种对等，都被归入“情人眼里出西施”、“不要以貌取人”、“人不可貌相”等“古老的格言和准则”[105]，在这样的类别里或者被看作一种“流行作品”[106]。

正如卡尔·格拉默（Karl Grammer）的论述，“情人眼里出西施”的观点已经被抛弃，人们更喜欢美的概念，并将美理解为一种凝结了观察者的功能和被观察者特征的综合体，这种美的概念经过了自然的选择，以求充分利用对最佳性伴侣的寻觅。[107]达尔文美学有可能会让拉瓦特尔在寻找和谐和对称之中感到满意，根据达尔文美学，那些被认为具有普遍吸引力的特点，对理性也具有吸引力：一个人的身材成比例和对称，意味着此人的健康状态良好；臀围和腰围之间符合理想比例的女性，暗示其生育能力良好；[108]宽下巴、宽颌骨和高个子的男性，暗示了睾丸素水平较高，说明他身体强壮，有能力保护和养育后代。此外，生活中某类人易于成功，在实验上证明他们明显与定义美的某些特点有关。男性政治家们的面部特点在很大程度上都符合这些选择性的标记，比如，他们通常比那些没有这些选择性标记的人更容易得到公众肯定性的判断。[109]睾丸素水平高的身体信号是吸引力的次要保证，因为睾丸素需要透支很多体力才能满足有机体的免疫系统。换句话说，一个有着高水平睾丸素标记的男子，可以对他潜在的性伴侣发出这样的信号：“给我买单吧。我如此健康，值得拥有这样的下巴！”[110]

美的进化论方式，甚至有一套理论来解释明显的反直觉特点，比如为什么一个人长得瘦（似乎表明营养不良）比一个人长得胖（似乎表明能够给予一个人足够的营养）更让人喜爱：

> 在贫穷的社会中，富人给予穷人的印象在于长得胖，这一点穷人做不到；但在一个富裕的社会中，即使穷人也能长胖……因此，富人必须通过保持苗条来给人一种印象："我们丝毫不怀疑我们下一顿饭从哪儿来，因此我们根本不需要 1 克的脂肪储存。"……两个标准都要求个体努力和资源的必要投资。[111]

除了决定美对社会交往和属性的一定影响之外，时下这个领域的研究，是要寻求什么是决定美的定义以及如何从科学上来解释美。20 世纪 90 年代早期，比如朱迪斯 · H. 朗洛瓦（Judith H. Langlois）和她的团队，借用数字变形程序，创造出了平均的由电脑计算出的"合成面孔"。他们先将一些人的面孔拍下，再将每一张图片都按 512×512 的数字分辨度呈现出来。这些矩阵都是数学上的平均值，主要用来生成一系列没有任何色差的合成面孔形象。朗洛瓦的研究结果表明，美丽的面孔实际上是平均的面孔。[112]

研究者们还认为漂亮面孔与普通面孔的区别竟然呈系统性，因此也说明了面孔对环境的最佳调节适应能力。性选择被认为是决定面部特征理想组合的驱动，暗示着基因的适合性。这个模型表明"一张浪漫的有吸引力的面孔，在面部的中心部位显 99
示出新生儿的特征，如大眼睛，而在面部的周围部位则显示出性成熟的一面，如女性颧骨突出……男人下巴宽大"[113]。

维克多 · S. 詹斯顿（Victor S. Johnston）挑战了朗洛瓦的研

究发现，他提出“这些研究中所使用的叠加平均值的程序，可能会模糊面部细节，提高对称性以及改变比例……结果，所有的因素都能增强面部的吸引力”[114]。换言之，詹斯顿挑战了朗洛瓦合成术的操作性，认为朗洛瓦应用了一种受身体整形技术信息通知的观看方式——在这种情况下，“更加漂亮”的面孔会以平均数值的方式被合成。不过，詹斯顿不是一个文化理论学家，而是一个进化论心理学家，对他来说，这种挑战还是能够成功的。他与 M. 弗兰克林（M. Franklin）合作发明了一种新的电脑程序，允许个体“演化”自己最有吸引力的面部合成。詹斯顿
100 发现，美貌和配偶选择都与性适合度有关，从进化论的角度来看，富有吸引力的女性面孔并非一张平均面孔，而是“展现出一定的特征，表明她们比平均女性青春期的雌性荷尔蒙水平要高（如饱满的嘴唇），而雄性激素暴露的水平则低（如短、尖的下巴与大眼睛）”[115]。

根据詹斯顿和弗兰克林的观点，“平均的女性面孔”与“更有吸引力和长相更年轻的女性矫正面孔”的差别在于下巴的下半部分和唇部有所提升。在长相年轻的面孔上，眼睛更大，嘴唇更加饱满，颧骨看起来略高，整张脸都充斥着青春期的女性荷尔蒙。这也正好与著名皮肤病专家弗雷德里克·勃兰特（Frederic Brandt）的观察有所呼应，因为勃兰特注意到年纪渐长后的人的面孔：“据我们观察，随着年龄的增长，我们脸上的脂肪垫开始降低，脸颊开始下垂，上半张脸的重量逐渐下移，促使下半张脸逐渐松弛。这样你便失去了我们所说的面部‘青春凸面体’。这些凸面体就是饱满和圆润”[116]。根据对一个人的

吸引力的进化论解释，一张富有吸引力的面孔在潜在的性伴侣看来，是健康的标志，因为人们都想保证自己的后代健康长寿，以便个人的基因能够持续繁衍下去。换言之，年轻是性和繁衍 101
适宜的一个占位符，因此具有吸引力是一种生存策略。

不过，没有一个科学工作者能像斯蒂芬·马夸特（Stephen Marquardt）那样赢得更强烈的大众兴趣。马夸特是一位颌面部外科医生，“黄金面具”的发明者，美学研究与诊断分析公司的总裁。马夸特受古典主义和新古典主义对美的定量分析的启发，基于“黄金比例”或1/1.618黄金分割率的数学分析，[117]将详细观察和录影技术结合起来，发明了一套电脑程序（变形软件），可以测量面部之内的间距以及这些面部与他建构的理想面具之间的近似值[118]。完成上述做法，并不需要依赖类似兰德尔·霍沃思（Randall Haworth）的直觉法，或者类似人工摄影合成法那样单纯地对现有名人的面孔进行美图，而是通过改变（也即趋于近似值）一个人面部比例，让其面部符合黄金比例。马夸特认为，一个人的面孔越是接近理想面具，就越有吸引力；越漂亮健康的人，便越能成功繁衍自己的后代。

马夸特指出，即使一张“不太有吸引力”的面孔，也可做到某种程度上的吻合理想面具。他解释说：“在美容界，‘一张普通的面孔’在一百年前可能是最漂亮的。今天这张面具适合我们每一个人。我们开始时只是中等‘漂亮’或有些‘漂亮’，但整形外科和化妆术会让我们成为真正漂亮的人。”[119]此处的“真正”，可理解为字面意思上的真正：我们已经成为真的——一个真的世界上的人，这个人能够在真人秀上得到体验或被人所见。

人们可以从马夸特的网站下载和使用理想面具。医生建议，这些面具可用来计算哪些面部部位需要更接近理想面具，因此可被用来进一步指导化妆或整容。一些电视纪录片播出过马夸特的事迹。在一部名为《整容在美国：驶往整形新大陆》（*Made Over in America: A Voyage into the Land of Makeover*）的纪录片中，马夸特回忆说他出现在电视上之后，经常有人向他咨询，想了解如何让他们的面孔符合黄金比例，或者什么样的长相才是他们理想伴侣的长相。可以说，马夸特是18世纪关系大师约翰·卡茨帕尔·拉瓦特尔在21世纪的真人版。在与辛迪·英格尔（Cindy Ingle）的一次访谈中，马夸特谈到了参加整容秀的选手如何根据理想面具得到完善。辛迪整容后，就更接近她的整形医生霍沃思的看法了。不过还是有一点遗憾，无论是理
102 想面具还是外科手术，都没有办法消除辛迪本土美国人的“种族”的和“奇卡诺”（Chilana）的长相。在霍沃思医生看来，在使用黄金面具抬高辛迪的眉毛后发现，她看起来更像个“亚洲人”了。而电视节目《白天鹅》中展示的“易容”，却一直“唯白人化”。

近来人们在数据驱动面部吸引力领域所进行的研究，又前进了一步，原因在于这个领域运用了一种特有的美妆的凝视——寻找更年轻、更有性活力的自我，并使其成为一台“美化发动机”。图默·雷万德（Tommer Leyvand）和他的团队利用电脑将一个人的面孔搭配至黄金比例。他们研制的美化机，能够
102 提高一个人“正面照（肖像）中面孔的美学吸引度，同时又能和原有的容貌保持最为接近的相似度”[120]。

▲柏拉图的时代，术语“美与善”指的是“绅士般的高贵性”，即养成正直的品质或拥有恰当的文化。

◀色诺芬谈论了人的面孔和举止如何反映一个人的道德高贵性。

►普罗丁揭示出灵魂的美如何被掩藏在身体之下。

▲公元前5世纪，相面术经常被希波克拉底等古代医生讨论，并被看作伪科学。

◀约翰·卡茨帕尔 · 拉瓦特尔的相面术理论，将面孔看作通往一个人灵魂宇宙的大道以及指引灵魂看到或者体验美的需要。

▼拉瓦特尔的投影仪器。他希望人们了解相面术的技巧，便于读懂女性的外貌，他认为女性外貌最具欺骗性。

◀约翰·哥特费雷德·赫尔德曾发文探讨身体美是否是灵魂美的信使。

▼受达尔文观点的启发，高尔顿开始证明人的器官并非神定而是代代相传，这一点是发现人的面孔上隐藏性格的关键。

◄威尔斯强调，不同种族和民族的颅骨在形状上有很大差异，这些差异与人们了解到的性格差异在很大程度上有所呼应。

►纳撒尼尔·霍桑的叙事揭示出男人对女性身体表面的创造性冲动与伴随这种冲动的潜在毁灭性之间的关系。

▲丑陋的老太婆、巫婆、恶婆娘或者邪恶的老女人，经常被看作长了一副吓人的恶魔面庞，她们的怒火在西方文化中由来已久。

◀龙勃罗梭彻底破坏了人的高贵性，他在19世纪晚期建立刑事人类学学科，使罪犯的生物决定论成为一个广为人知的概念。

▼纳粹种族主义者测量犹太人的颅相。

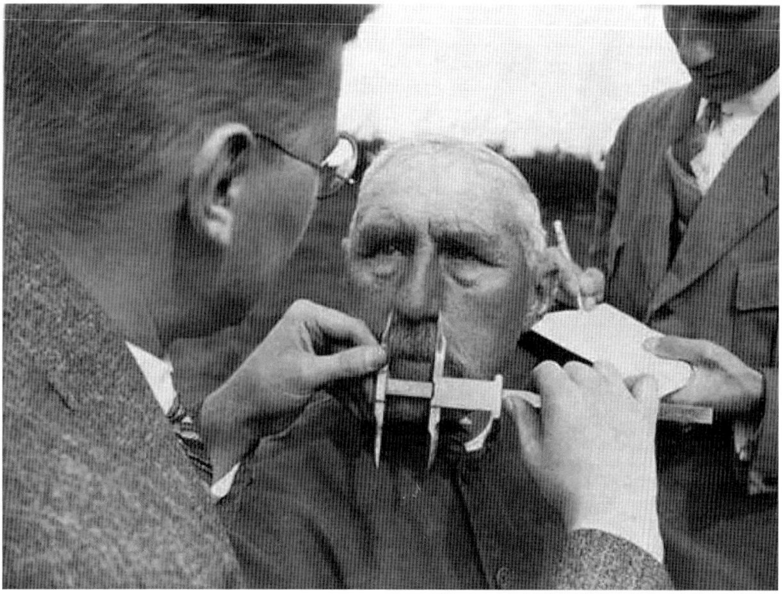

▲一个由男人们前后簇拥，骑在动物骨架上的女巫形象。

◀在大卫·休谟看来，好的品味来自鉴赏力，鉴赏力反过来又背叛了一颗敏感的心。在每一个生灵身上，都有一个完满而又有缺陷的状态。

▼安德烈·布勒东的小说《娜嘉》表明了在西方文化中，隐藏在女性身材之下的神秘和潜在的深渊长期以来一直都在扮演着刺激男性创造力的作用。

▲在某种程度上，迈克尔·杰克逊迎合了美妆的凝视的要求，并使其达到最完美的程度。20世纪90年代，他整形过的身体成了变化和进步的符号。

◀迈克尔·杰克逊意图超越种族、年龄和性别的类分，为此他做了无数次的外科手术介入。他使用甚至滥用了美妆的凝视，以此来逃避长相如黑人、老人和男人的特点。

►从临床医学的角度来看，迈克尔·杰克逊鼻子和肤色的“问题”可看作是他内心矛盾的外在化。所谓的“失去”，其实是一种欲望，不仅抛弃自己的“旧”身体，也将种族和性别的束缚一并抛弃。

▲韩国表演艺术家李昢展出了一组雕塑，它们由徘徊在多种触须般的附属物和模糊的似乎是女性身体部位之间的元素组成，在女性气质和怪异之间的联系上建构出一条捷径。

◀对美容外科手术的历史研究表明部分公众需求的转折点来自“劣势情结”的心理概念，这个概念由奥地利精神病学家阿尔弗雷德·阿德勒提出。

▼安德烈·巴赞创造了“渴望现实”这一表达，他曾预言说对现实的迷恋会产生形象文化的革命。

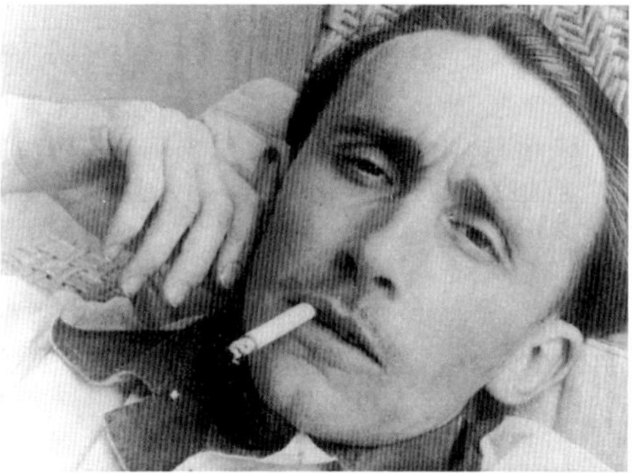

▲达达主义者特里斯唐·查拉彻底将美“暗杀”。到了20世纪60年代，美已经从“好的艺术”这一概念及其哲学那里完全消失了。

▲查拉画作中的女性形象。

◀让·鲍德里亚指出，在图像的王国，真实已被谋杀，与真实交换的不过是仿真版。

►按照吉奥乔·阿甘本“例外状态”论的逻辑，投降是剥夺一个人的身份、情绪和意志的必要步骤，目的是在人工缝合的基础之上重构自我。

▲爱丽丝·门罗的短篇小说《面孔》讲的是关于胎记的故事，叙述者描述了对“异常自我”被施以权利的感受。

◄这种名人形象的自恋欲望会演变成一种歇斯底里。比如，辛迪·杰克逊最著名的整形尝试就是让自己看起来像个芭比娃娃。

►1939年，好莱坞电影《绿野仙踪》上映，它描绘的世界和当代美国社会一样，追求美好生活是人们内心对真实性的渴望。

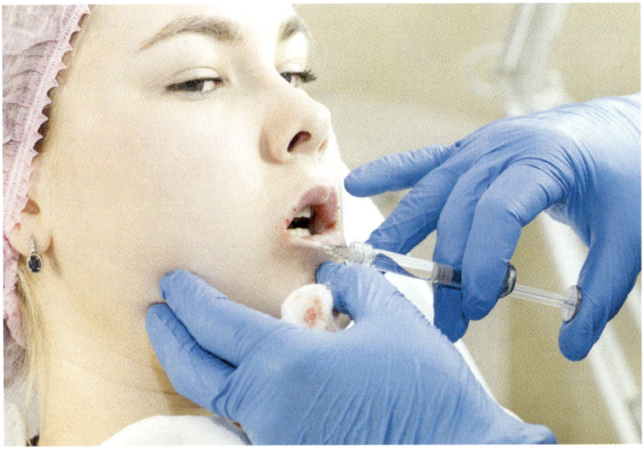

▲据美国美学整形外科学会统计，仅2007年，美国分别有327519个男人和2445656个女子注射了肉毒杆菌素。

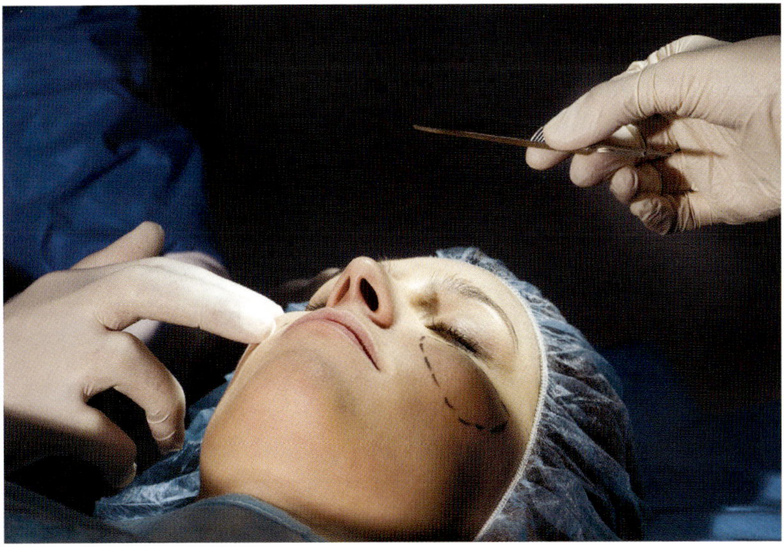

▲美容外科手术的统计数据表明，女性是这类手术和美容话语的主要消费者。

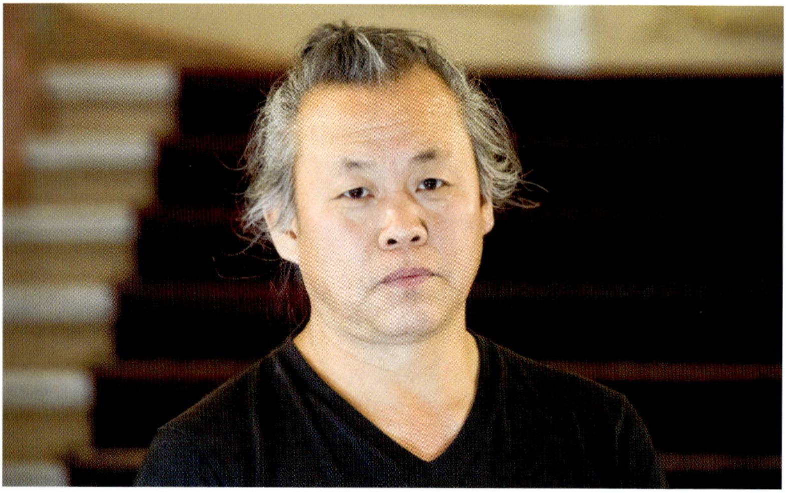

▲在电影《时间》中，导演金基德将美妆的凝视复杂微妙地运用和注入女性完整性的现代美的神话中。

►“女人越是看起来像自己梦想的样子就越真实”。——电影《关于我母亲的一切》，佩德罗·阿莫多瓦。

这些“后面孔”（after face）在经过美化发动机的检测之后，更符合马夸特黄金面具的标准。正如马夸特本人指出，美化发动机正是运用了黄金面具的某些方面。对这些图像经过美化发动机的分析之后，马夸特总结说，只有女性的黄金面具已被运用到男女面孔的某些区域，如眼睛、鼻子和嘴巴。因此，根据马夸特的观点，这种“美化”不是立体的而是二维的，因
为“这些研究者们并不知晓到底什么是真正的美。他们不过做 104
了一些小的挪动，如改变脸部的弧度，这样面孔便会更加对称，但他们并没有真正理解如何发挥一张面孔的功能”[121]。不过，这些面孔经过美化发动机的检测之后，显然基本接近了黄金面具的各项参数。

将数据提取并运用到提高美貌的这种方法，并不如斯蒂芬·马夸特的个人应用面具那样精细入微。但是美化发动机在一定程度上预测了对美的人为判断。有人指出，这种证据虽然支持了人的容貌的美最终根植于进化论的观点，或者说支持了关于性吸引力的理论，但这种研究代表了某种更为激进的方法。这种建立在美的普遍准则之上的机器，比我们自己更了解自己，这是因为我们渴望“暴露”给他人美丽以达到自我现实，现在可以借助我们用以表达和了解自我的媒介，将它们完整地整合在一起。

伟大的美学哲学家阿瑟·丹托，将黑格尔的“美的第三王 105
国”定义为“那种为某物占有的美，只是因为要拥有这种美，必须通过行动，而行动的目的就是去‘美化’……在这个王国里，事物之所以美是因为已得到了美化”[122]。整容美完全就在第

三王国之内，从高度现代性那里产生的判断似乎只能是这样，无论我们怎么谈论它，这种美学实践依然微不足道。丹托指出了康德对文身身体的鄙夷，“当身体完全依据上帝的形象时，已
106 经与其能达到的样子一样漂亮”[123]。但是，即使如美化这样微不足道的事物，也有重要的伦理意义。丹托继续强调说：“美化实践在前行的每一步都要和各种各样的道德律令相交叉，是它们规定了我们可能称之为品味的界限……这些审美的怨言一定会，也典型地会被道德考量所淹没。”[124]有一点可以证明，美国的美容业销售额一直在增长，1914 年只有 4 千万美元的销售额，到了 1985 年已经有 170 亿美元，2009 年约 200 亿美元。[125]正如黛博拉·L. 罗德（Deborah L.Rhode）的资料显示，人们当下对外貌的痴迷，已经引发了一个每年净值多达 2000 亿美元之上的产业，[126]不仅造成了人们身体和感情上的痛苦，也造成了社会、政治和经济上的歧视。从字面上讲，整形美也不再是一件微不足道的小事，而是关涉生死大事。

在真人秀节目《幸存者》（*Survivor*）和《我是名流，让我脱颖而出!》（*I'm a Celebrity. Get Me Out of Here!*）中，相比那些经常受到威胁，不符合黄金面具比例而在各种各样的社会环
107 境中可能“落伍”的人来说，必须证明他们更具丛林适应性。辛迪要感谢真人秀节目《白天鹅》，她已经能对之前低垂的“巫婆鼻子”和受损的身体形象道一声再见，奔向纠正和数码修复面孔的美化发动机。这些范例都有一个公分母——一个假想的竞争者，他们能够得以生存而我们不能。根据这一新的概念，进化论意义上的美就成了生理健康、具备高免疫活性和成功繁

衍后代的标志。这种“新新面孔”的经济价值从来没有像现在如此有意义：如果今天的好莱坞明星不去整容，也不去让自身的外貌同质化为一张更年轻的适者生存的长相，那么可以肯定的是，他们将无法在自己的演艺生涯中继续生存，很快就会被新生代所顶替。

一些女演员像极了某位艺术家将他最为光彩照人的明星时刻呈现出的那样，[127]借用马夸特的观念，她们都持续使自己符合黄金面具之下的算法。但对马夸特来说，这便提出了一个生物伦理学的新问题。这些美化发动机，让我们给予那些天然注定要被淘汰的人一个生存机会。但是，他们这个美丽的容貌，不再与健康和繁衍共振。这就产生了另一个难题，如同外科医生说，“这些永恒的美的信息也正将我们的基因库搞得一塌糊涂”[128]。我们接下来将要讲的“人工缝合术”已接近了极限。一种真我保鲜版的理想，要求消除每一处技术用以创造新形象的痕迹，但也因此“错误地”调停了健康本身和健康生育的可能性。不过，尽管有这个“错误的宣布”，新自我的照片在形象驱动的全球电子市场增加了竞争性。作为图像，这些都是“健康”的面孔。鲍德里亚指出，在图像的王国，真实已被谋杀，与真实交换的不过是仿真版。有趣的是，无论这个仿真版有“多老”，只需一个按钮便能得到复制。

这个新自我的概念出自网站 Awfulplasticsurgery. com 的网络管理员塔拉。在一次我对她的采访中，针对美妆的凝视和个人对美的感受，她这么谈道：

> 我是一个非常重视视觉的人，有很好的图像记忆能力。我对流行文化有一点上瘾。在20世纪90年代，
> 108 我就注意到我追过的一些年轻明星，她们越来越精致。香农·多尔蒂（Shannon Doherty）做了隆胸，杰森·普雷斯利（Jason Priestley）做了隆鼻，托蕊·斯培林（Tori Spelling）也隆了胸，从那以后，我就开始注意其他一些名人，有些并不年轻或有名气，但同样也做过整形手术。我想，发现我喜欢的明星有了变化这件事正好帮助我提高眼力……当我开始寻找这些名人的老照片时，便能看出或许他们想竭力掩饰的地方。[129]

塔拉的网站监视着名人们身体上的变化。用她自己的话说，她是在训练自己的眼力，试图区分哪些变化可被接受，而哪些变化很是糟糕。从不同的角度来看，她无疑是美妆的凝视的代表，记录了我们应当竭力实现的自我的不同版本，同时也记录了我们为实施这些改变所采用的方式。她的网站展现了什么是丹托所说的“品味的界限”，它们在这样的时代存在，毕竟人们在美容手术和电视真人秀中成长。当我问她什么是真正的美时，她回答道：“我认为真正的美是内在的。基本上来说，美是你如何在你的环境中对待他者的总和，无论他们是人、动物或无生命之物……一场漂亮的塑形结果是无人怀疑塑形就是塑形。”[130]这两种观点在某种程度上设法不发生冲突，向我们说明了在一个整容美的时代里美妆的凝视的容量。现在，它已被充分正常化和隐形化，成了我们现在安放身体的部分方法，并且通过其

持续补充的挤压来展示自身，以及那些陶醉在自身痉挛中的美的阴暗面。帮助我们实现这一切的媒体和技术将是之后要讨论的题材。

第三章

人工缝合术：21 世纪的美容技术

109 还有，当你们描绘理想的美的人物形象时，由于一个人不可能没有瑕疵，在他身上很难做到各方面都尽善尽美，你们就从许多人物形象中提炼出最美的部分，从而使所描绘的人物形象显得极其美丽？苏格拉底问。

帕拉休斯答道：的确，我们正是这样做的。

好的，打断你一下，你们是不是也描绘人的心灵？就像描绘一个人的外表那样将其性格描绘得完美无瑕？就是那种最扣人心弦，最令人喜悦，充满了深沉的爱，让人憧憬，让人为之动容的最可爱的心灵？还是这种性格特点也是无法描绘的呢？苏格拉底继续问。

帕拉休斯回答道：啊，苏格拉底，怎么能描绘这种无与伦比的性格特点呢？这既无法度量又没有色彩，也没有你刚才所说的任何一种性质，而且还是完全为人看不见的东西。

那么，可不可以从一个人对于别人的眼色里看出，他是喜爱的还是仇恨的？还是看不出的呢？苏格拉底问。

帕拉休斯回答道：我想那是可以的。

那么，这种情况下是不是可以在眼睛里把这种眼色描绘出来呢？苏格拉底问。

——色诺芬，《回忆苏格拉底》[1]

美妆的凝视指的是人们如何体验自己和他人的躯体，认为躯体是一项并不完备的工程，等待更完善的技术介入，从而帮助他们逐渐接近真正的自我或天生的潜能。人工缝合术（machinic suture）指的是一种手术，能够将所谓自我先在的或纯粹的部分——真正的我，我对自己的期望，我的身体——借助被提高了的具有操演性的现实影响，确定下来。这两个概念对当今无所不在的计算这一范式做了补充，将计算与日常生活彻底整合起来。美妆的凝视和人工缝合术，从物质上并没有提前假设计算机的无所不在，数码技术却在多个技术领域做出了 110
调节并适应了人工缝合术的操作。

身体的体验发生并且依赖于可调停的环境，而可调停的环境完全都是可以体现的事物。仿真环境非常重要，尽管杰伊·戴维·保尔特（Jay David Bolter）等人发现，“混合现实的本体论不同于仿真现实”[2]，两者的存在和普遍性都有助于人工缝合术在当下的实行。马克·汉森（Mark Hansen）指出，所有的现实都是混合现实（mixed reality），因此，混合现实和人工缝合术的概念区别还是基于技术和主体性之上。

我们借助的多种方法是宗教的、科学的和经验性的。从主题上与第一章联系起来，试图找到一种普遍联系法则的“纯粹语言”[3]，试图阅读和阐释一个人的外在容貌与其内在世界（“性格”或“心灵”）之间的联系。这种语言，作用类似于索绪尔的符号观，将能指和所指随机地联系起来，通过学习和挪用语言就可生成意义。但是驱使相面术这种纯粹的或普遍性的语言，却另有他物。就在这种符号过程的核心，也即结构主义的能指和所指间的“分号”处，判断得以形成。例如，在龙勃罗梭的刑侦人类学中，这种判断基于一种观察，即认为下巴宽大和颧骨高耸是一种返祖符号，属于典型的“史前人”或“本土人种”。因此，具有这类下巴和颧骨的人，据观察要比符合其他观察种类的人（比如，他还观察到白种人的额头一般较高和突出，是才华和智慧的标志）更容易产生“犯罪行为”。这样的观察发现应该被整合进更宏大的历史画面，毕竟持此种观点的人注意到，了解“人脸面具”的欲望，在一定程度上还是受 19 世纪晚期和 20 世纪早期出现的“脑科学”[4]的影响。脑科学一直试图从医学、认知和心理分析的角度读懂大脑深处的活动，并且在整个 20 世纪脑科学也发现了越来越准确的方法，能够做到可视化地呈现大脑的内部区域，脑成像技术的运用就是其中赖以借助的方法之一。[5]

关于审美判断和道德判断之间的联系，与柏拉图的“美与善”的观念一脉相承。这样的判断已经被 21 世纪的西方文化所吸纳，成了一种寻找“更美才好”（better-beautiful）的方法，而
111 所谓“更美才好”，也已被一种权威的凝视所标记，并通过相面术家、种族理论家和其他人的眼睛得到广泛传播。如今，这种

自我的“更美才好”的版本已经被美容外科医生和软件工程师当作一种商品，发明了“理想的你”[6]的“美化引擎”，借助当下的媒体正在将它们以光速扩散。这个“更好的你”（better you）可能有如下特点：下巴圆润、前额平坦、肤色光洁、笑容灿烂，不再“大腹便便”而是有六块腹肌。这些都是身体改善的例子，无论是微小的改善还是彻底的变化，都适合我们的身体或性格，比我们“最初的”样子要好很多。本章着力讨论的便是如何理解这种凝视的逻辑，毕竟它们已经在今天的技术和媒介中得到了应用。最极端的例子要属流行巨星迈克尔·杰克逊，当他由于过量注射处方药物而离世时，整个世界已经接受了他那张过分整形的面孔。现在我们要考虑的问题不再是杰克逊是否企图逃离种族或性别的视觉类属，最终死于身体异常形态紊乱症（痴迷或过度关注一个长相正常的人身上根本没有的或者有轻微的身体缺陷）[7]；相反，在他去世之后，媒体报道说他死于医疗原因，是其身体遭受各种各样疾病和事故的结果——他曾经折断过鼻骨，患过红斑狼疮，甚至为百事可乐拍摄广告时发生了意外，还引起过中度烧伤，患过因色素沉着紊乱导致的白癜风（有人认为白癜风是迫使杰克逊漂白的真凶）。[8]问题在于，尽管医疗界一再强调流行巨星对外科手术的“医疗”需要，却忽视了杰克逊的其他需要——将名望这一美妆的凝视实现并达到完美的需要。下文笔者将考察今天广为人知且对美妆的凝视最为重要的运用——外科术，及其与名望和其他疾病关联的方式。

整容术下焕然一新的面孔

正如梅雷迪斯·琼斯所说，美容外科手术是“整容文化的典型表现”[9]，在医疗上、文化上、理论和实践上已经有超过百年的历史。在今天西方化的世界中，随便一个“理由”都会让人下定决心去“动一刀”。而在20世纪初，当选择性美容外科手术刚开始吸引中产阶级和上流社会并走入他们的生活时，医生们还只愿意做“真实的”塑形外科手术，也即修复性外科手
112 术，他们当时甚至还抵制美容外科手术，认为此类手术完全是冒着没必要的风险。比如，在《面容不完美之矫正术》（*The Correction of Featural Imperfections*，1908）一书中，查理斯·米勒（Charles Miller）在他简短的引言里，抱怨了医生的“冷漠”：

> 就那些面部算不上畸形但实际并不完美的人来说，他们需要选择外科手术适当矫正，但目前这个行业的大多数医生对此非常冷漠，然而，这样的冷漠并没有阻止此类专业的发展，毕竟，部分公众对面部外科手术的需求还是非常强烈的。[10]

在美国，伊丽莎白·海肯（Elizabeth Haiken）的美容外科手术的历史研究表明部分公众需求的转折点。用米勒的话来说，

它来自“劣势情结”（inferiority complex）的心理概念。这个概念由奥地利精神病学家阿尔弗雷德·阿德勒（Alfred Adler）提出，盛行于20世纪上半叶：

> 实际上，劣势情结成了自我反思观点中的最后联系，这一观点在整形外科医生为美容外科手术的惯例辩解时，得到了系统阐述。由于身体缺陷而产生劣势情结的病人，往往会发现他们的经济地位受到负面影响，原因在于这些情结造成的痛苦让他们不能表现出必要的自信，从而保证他们在复杂的社会中取得成功。反过来看，那些由于长相原因找不到工作的人，其心理健康处于危险之中：没有能力养活自己和家人，便逐渐形成劣势情结。无论哪一种情况，外科手术都能做出重要甚至关键性的贡献。[11]

据克雷西达·J. 赫斯（Cressida J. Heyes）和梅雷迪斯·琼斯的研究，今天的整形外科文化中，“劣势情结的语言逐渐消失”[12]。但是，人们选择做非急需美容外科手术的原因，仍然与自我完善相关——一种基于“美与善”原则的心理概念：你必须提高和完善自己，不然便生存困难。今天的男女，是将自己看作了美容外科手术的消费者（并非病人），而其美容消费的原因也五花八门。统计数据说明了美容外科手术消费在北美的最新发展情况。

美国美学整形外科学会（ASAPS）见证了美容外科手术整

体性的增长，据学会统计，仅2007年，美国就有1.17亿例整形外科手术和非外科手术，总花费1320亿美金。[13]其中，91%的美容外科手术是为女性实施。2007年，分别有327519个男人和
113 2445656个女子注射了肉毒杆菌素。就在同一年，高居榜首的男性外科干预手术为吸脂术（约57980例），女性外科干预术则是隆胸手术（399440例）。[14]随着时间的推移，男性美容外科手术消费者的百分比还在增加，但仍占总人口中的少数。此外，外科医生中男性居多，9个医生就有8个是男性。[15]越来越多的男性倾向于做美容外科手术，而越来越多的女性成为美容外科医生，不过要彻底改变这种不平衡，至少要等到22世纪。

美国美学整形外科学会的统计数据表明，消费整形外科手术的“病人”越来越趋向年轻化。2006年，美国就有16477例鼻整形，7915例肉毒杆菌素注射和5423例美国皓丽肤/瑞典瑞蓝玻尿酸注射，做手术的多是18岁或18岁以下的青少年。2006年高居美国青少年整形外科术前列的为鼻整形（1%的人做了手术），2007年则为耳整形（2%的人做了手术）。美国美学整形外科学会对人们的态度调查表明，18岁到24岁之间有27%的年轻人考虑现在或不久的将来会去做美容整形。2007年完成整形手术的人中有21%为少数族裔（墨西哥裔占9%；非裔美国人占6%；亚洲人占5%；其他非高加索人占2%），[16]在人群的族裔构成上，比2006年降了一个百分点。美国美学整形外科学会声称，56%的女性和57%的男性都同意做整形美容手术。社会学家安东尼·埃利奥特（Anthony Elliott）发现，这种趋势在世界其他地方也有呼应。根据一项来自欧洲的调查，“现在大多数女

性都希望在这一生的某个时间点，能去做整形外科手术”[17]。

安东尼·埃利奥特将整形外科手术和“瞬间改变的新个人主义”[18]需求放进更加宏大的全球化现象中，试图理解 21 世纪早期出现的整形外科手术热。他列举了三个全球化的社会影响——名人文化、消费主义和美颜电子经济。名人文化在我们的生活中随处可见，大量雪崩似的图像，比如“更好的自我”“完美长相”的好莱坞明星，和那些真人秀节目中“长相不够完美的名人”等，冲击着我们的视觉。何况那些“真人秀名人”已经成了“真名人”。美国全国广播公司的电视真人秀《我是名流，让我脱颖而出！》[19]将古老的“名人”类别变成了新的“真人秀名人”现实版，重新修复了[20]这些归类。参与丛林生存经历的 10 个选手已经成了“不知名的”电视真人秀明星——她们并非特别漂亮、聪慧或天赋异禀。实际上，这些选手还必须彼此“谷歌”一下，才会发现别人姓甚名谁，为何“有名气”。[21]尽管 114
如此，这种类型的名人无论是漂亮还是只有正常相貌标准，从某种意义上讲，他们都有特权，才会归入克里斯·罗杰克（Chris Rojek）称之为“类名人”（celetoid）的一种类属。“类名人”指的是“浓缩的、集中的、任一形式能被归入的名人”[22]。就媒体对他们以及我们感受他们的方式而言，真人秀名人与“真名人”的地位有些相似。随着真人秀名人也成了好莱坞明星（比如詹妮弗·哈德森就是从《美国偶像》中的一名参赛选手，到出演《梦想女孩》，最后荣获 2007 年最佳女配角学院奖的），两个领域便有所趋近。名人的类属并不在于是否被人所知，而在于名人本身，即为名人而名人。[23]

弗吉尼亚·布拉姆通过观察一些极端例子，包括 MTV 的电视整容节目《我想有一张名人脸》[24]（*I Want to Have a Famous Face*），分析讨论了名人现象下的欲望结构。在她看来，选手们——比如变性人明星吉娅（Gia）就一直希望自己长得像帕米拉·安德森（Pamela Anderson）——都有一种自恋的欲望结构。布拉姆将人们与明星认同这一理想的现象问题化，认为把自我的理想刻入主体身体的这种行为出于一种自恋动机，会将个体带回自我形成的“归零点”（ground zero）。这种名人形象的自恋欲望的糟糕之处在于，将来会演变成一种歇斯底里，从而不停地让人变来变去，成为一个特有的形象。比如，辛迪·杰克逊（Cindy Jackson）最著名的整形尝试，就是让自己看起来像个芭比娃娃。[25]然而，名人欲望并非欣欣向荣的美容整形外科业背后唯一的动机。“购物狂”（shopaholism）是这一行业繁荣的另一动机。安东尼·埃利奥特指出，“正如我们对世界大部分的认知都是通过购物得来的”[26]。这一观点最适合美国，因为美国郊区生活的文化环境是被购物地点所定义的。没有人会沿着郊外居住的街道一直漫游，然后碰巧遇到一个商店。去往何处的原因取决于一个人的目的地，当然不是大型超市就是购物广场。但是，整形外科手术只是让人们多了一个配件而已，就如女人的手提包，不过是一种装饰罢了。[27]因此，像“动刀”这类行为的商品化，却与形象消费和神奇的变形故事有着极大的关系，而这正是媒体经济专门针对大众抛出的弹弓。越常看到“它”，我们越在其中看到自己。消费主义和名人文化之所以能够搭档，就是因为消费主义从名人文化那里看到了它要射中的靶心——

那些甜言蜜语的消费者或者一帮“美容迷”。下面是《纽约时报》（*New York Times*）记者艾利克斯·库钦斯基（Alex Kuczynski）与整容外科业打交道的记述： 115

> 我对自己的样子并不痴迷。我来澄清一下，所谓“痴迷”，我指的是那些一天24小时都盯着自己脸上每一处毛孔的人，她们从不穿汗裤出门，一想到自己没有吸引力，会被整个世界拒绝和孤立，便立刻全身僵化……我所做的只是纽约人所指的保养罢了。我从不痴迷精神放松或常识之外的事物；我做保养……这已经成了日常的一部分，部分是健康生活，部分是美容养生，部分是政治哲学。[28]

这个观点反映了美妆的凝视的循环结构。消费主义者的行为包括两个部分：一部分是盯着自己，尽力“保养”；另一部分则是盯着他人。库钦斯基和其他整容外科业的研究者们，不仅探讨最佳的“保养产品”，还梳理相关整容故事，并把他们所了解的应用到自身以及他人的命运和人生中：“确实，我带着好奇心与满足感去阅读那些患有严重身体异形紊乱症[29]的女性的著作或文章，她们花费成千上万的美金去做美容手术，最后却让家庭破产，配偶疏离”[30]。写完许多不满意自己长相者的故事之后，[31]库钦斯基自然转移到了埃利奥特提出的受当下速成文化影响的第三动机——“自我重组（restructuring）、改造（remolding）和重新雕琢（re-sculpting）”[32]，这其中有很多原因，但主要用作经济资本。在新的追求美颜的全球电子经济之内，我们要投资的不仅有姣好的容貌，还有我们能且愿意改变的事实："面对这种新经济，合同期短、裁员频繁、运输及时和多种职业生涯，利用美容外科手术改善自我的一个原因，只是用来展现一个人的意愿和适应能力"[33]。库钦斯基认为人和朋友经历过的自我改善故事都是发生在我们身边的，他们希望在全球电子市场上颜值再高一些，这是可以理解的。

有些整容公司，比如捷克的伊斯卡尔私人外科诊所，甚至诱惑自己的员工，当然这些人在其他地方也会工作赚钱，但诊所提供了免费的美容外科手术的红利："在伊斯卡尔的奖励计划中，护士只要签订一份三年期的合同，便能从众多的整容外科
116 手术中挑选一次手术，范围从1425欧元的腹部整形术到1300欧元的面部提升术"[34]。佩特拉·卡利沃多瓦（Petra Kalivodova）护士31岁时与诊所签了三年合同。她坦率承认，即使免费给她一辆车，她也不愿意失去做一次免费美容外科手术的机会。在理查德·戴利（Richard Daley）[35]所在的高绩效企业环境里也很明显。作为一个成功的银行投资家，戴利有着骄人的履历：常青藤名校毕业以及国际工作经历，他在英国一家大银行的伦敦分行并购部工作。戴利43岁的时候，他非常渴望去做美容外科手术，甩掉中年人的大肚腩，因为他既没时间自己"消除"，又想显得"舒服又轻松"[36]。

同样，加州纽波特海滩的两名家庭主妇苏珊（Susan）和帕特（Pat）接受采访[37]时和我说，她们做整容外科手术的动机并非要完全改变自己，只是想让自己看起来或感觉上"焕然一

新”。苏珊的目标是可以生活得“轻松一点”。“只是想轻松一点，有些女人味，为了好玩。当你着装得体，你看起来漂亮多了。你想啊，当你穿裙子，尤其穿吊带裙时，曲线玲珑的感觉多好啊，做手术就是为了这样的轻松。”找到“合体衣裙”的快乐，是多数希望做整容外科手术的女性最主要的观点之一，凯 117
西·戴维斯（Kathy Davis）对女性实施美容外科手术的田野调查可以证明这一点。[38]

苏珊认为，焕然一新的容貌有助于职场人士找到伴侣，这是因为“多数这一领域的男人都有健康意识，正在寻找同样有思想和自尊自爱的女性”。此处，术语“健康意识”与“健康外貌”相关，是埃利奥特全球市场假设的标志之一。换言之，在纽波特海滩的全球市场上，这些女性已经提高了她们的资本。

投资美容获得收益的典型例子，像是一次超市购物，一名超市员工帮苏珊捡起掉在地上的物品，而帕特也有了一次早餐时光的美好回忆，一名年轻的服务生（20 多岁，比她年轻 30 岁）回头倾慕地看了她一眼。苏珊显得像 30 多岁或 40 岁出头，总之不易被人看出实际年龄，她还说“一名法国女性从来不谈及自己的年龄”[39]。不过苏珊的主要目标只是赢得所在社区的尊重罢了。她认为，美容外科手术已带给她很多方面的“红利”：“有更多的人开始为你开门。我去我儿子的小学，我敢肯定我看起来漂亮多了，学校的教员不仅严肃地接待我，而且也很尊重我，显然比我之前随便穿条汗裤看起来邋遢的样子强太多了……你受到了更高程度的尊重。”尊重虽经常来自他人，但重要的是，你也“欠自己”一个尊重：“我们都愿意感觉好一点，照顾自己，尊敬自己的身体。就好像我们不做这些（吃得好，穿得好，做整容外科手术）就不够优雅且不受人尊重。这是最基本的，与虚荣无关。”这一点与库钦斯基提到的日常保养相似：一点也不特别，只是一个人的日常和文化所需。从这些角度来看，整容外科手术这项在麻醉剂下实施的侵入性手段可以归入“健康”类属。不仅这类手术失去了任何风险因素，而且这种信念也会得到维持，即使帕特失去了女儿。她是苏珊最好的发小，她在整形外科手术之后引发了并发症。

帕特比她的朋友苏珊大20岁到30岁。她所做的是面部激进干预和再造的手术，很容易使人联想到“二战”后在女性中颇为流行的“面部提升术”，当时的女性尤其在意自己的年龄。普通的“面部提升术”就能帮助她们获得自己和世界都好很多的感觉，而不是像今天一样需要去改变面孔。[40]帕特对外貌的认识
118 秉承了“老的新面孔”的逻辑，由备受人欢迎的皮肤专家、系列化妆品研制专家帕特里夏·韦克斯勒（Patricia Wexler）提出，最经典的案例当属伊凡娜·特朗普（Ivana Trump）：“20世纪90年代早期她就完全换了一副新面孔——新的颌骨曲线、新的眉弓。后来她虽然也在年岁渐长，但是以一个完全不同的人在一天天变老。这张新面孔的新版本，指的是这张面孔一定不要看起来很新，一定要看起来像你本人。确切地说，你看起来应该还是老样子”[41]。这张新面孔就是苏珊想要的“焕然一新”的版本，要看起来就像你返老还童后的自己。这张新面孔是一张进化过的与你本来样子极为相似的面孔，或者就是乔纳森·凡·米特（Jonathan Van Meter）称之的有一种“让人匪夷所思的相

似值”[42]。

苏珊和帕特认为，当她们分别有了“新新”和“新老”面孔之后，她们在社区中越来越受人尊重。同时，理查德·戴利也掩饰了工作和年龄带来的职场压力，新外形让他在投资银行界受益良多。在新的公司经济中，人的身体和外貌都是用表面价值衡量的。一个人如果做不到与这种“焕然一新的面孔”需求共振的话，便意味着他可能会在很多方面遭遇失败。就苏珊、帕特和理查德而言，他们都担心会有更年轻、更活力四射的人被人青睐，从而超过他们。无论是伦敦一名优秀的银行投资家，还是 119
纽波特海滩颜值更高的母亲。全世界的身体市场就是一场竞争。

埃利奥特这三则关于“动刀”的社会学描述（名人文化、消费主义以及新的公司经济下焕新的自我），在同一个现象中得到了统一——整容电视节目。当观众舒适地坐在家中，整容电视节目就向他们不停地展示他们的形象接近名人的可能方式，而速变的全球文化也重新发明了“舒适的面貌”。这些节目直接影响了观众对身体形象的感受，和他们自身的脆弱性以及时刻要准备改变的想法。当他们在消费我们的同时，我们也在消费这些形象。接下来，笔者要讨论电视真人秀这一媒介如何输入观看他人故事的人类历史习惯，以及这种特有的格式为何能够支持整容外科手术的全球消费。

现实主义："这或许就是我！"

"真人秀电视革命"开始于2001年，这一年，美国人口统计数据发布，有45%的美国人收看电视真人秀节目，其中1/5的人是这类节目的"铁杆粉丝"。[43]随着这种新形式的出现，电视发现了一种廉价、便捷和亲切的手段，能将真实性本身连同真实性类属与现实主义融合起来。出现在电视上的"真实诉求"能够一举成功，部分还要归功于哥伦比亚广播公司的节目《幸存者》(*Survivor*)首次成功亮相："此后，随着《美国偶像》(*American Idol*)、《贵公子乔恩》(*Joe Millionaire*)、《单身汉》(*The Bachelorette*)等节目的成功推出，真人秀节目控制电视频道的数目逐年增多。真人秀节目不再是淡季才有的现象，而一跃成为黄金时段节目单的霸主，轻而易举地控制了众多热播时段的收视率"[44]。

真人秀节目流派众多，其中包括纪录片风格的节目，主要追踪报道普通人的日常生活（如《大巧剧》）；纪实肥皂剧，主要由明星担任主演（如杰西卡·辛普森主演的《新婚夫妇》或布兰妮·斯皮尔格主演的《布兰妮照相机》）；选秀节目，其中普通人试图成为名人（如《美国下一个名模》或一直受人欢迎的《美国偶像》）；[45]历史表演节目（如《殖民家庭》，场景为1628年的美国边疆）；约会节目（如《为爱或为钱》）；执法、

审判或军事类节目（如《新兵训练营》和英国的《突击队 120
VIP》）；真人游戏节目（如《幸存者》和《天桥骄子》，它们可能带有一些类似《新兵训练营》那样的军事元素，或者包含一些类似《终极斗士》中的运动元素）；生活风格改变类节目（如《粉雄救兵》），也包括当下最盛行的身体整形节目的亚流派（如《我想要张明星脸》《嘻哈飙车族》《年轻十岁》），这些节目加了一些游戏节目的特点（如《白天鹅》）。这些流派和亚流派整合了“愿望实现”的叙事策略：某人出现在电视中，说自己有什么愿望，后来又实现了愿望，等等——尽管愿望的实现会遇到一些戏剧化的困难。

低制作成本，应该是这种格式早期爆红的幕后原因。真人秀节目是对 20 世纪 80 年代英美电视经济重构的一种回应。有线电视、磁带录音机、强大的新电视网络（如福克斯公司）以及地方独立电视台的增长，造成电视观众碎片化。由于广告收入要分配给一大批经销商，电视台为了减轻压力，只有削减每一个节目的制作费用。查德·拉斐尔（Chad Raphael）认为，真人秀节目这一流派的涌现，背后有着强大的经济政治力量，他对此进行分析后指出，“电视业的经济需求和这种流派如何代表现实之间的关系密不可分”[46]。在拉斐尔看来，电视的经济危机本可以通过扩大信息娱乐或其他节目来解决。而那些犯罪类节目、八卦类节目、现场类节目以及纪录片等，已经做出调整，并声称产生了一种接近“现实”和“真相”的新形式。

然而，电视真人秀节目试图接近“真相”的“革命”，很大程度上并不算一场革命，也不出人意料。借助移动的图像接近“绝对真相”的梦想，从一开始就通过移动图像所记录的“到底是什么”的指定性关系，与摄影发生关联。比如，意大利未来主义大师们就表达出对这种关系的痴迷，在他们的宣言中，赞美了移动图像的速度和瞬时性。1916 年，菲利波·托尼·马里内蒂①和他的未来主义朋友系统阐述了未来主义宣言《未来派电影》（*La Cinematografia Futurista*）。他们支持“一战”，拥护意大利民族主义派的未来。他们“缺乏过去”却拥有“自由传统”。用他们著名的到处宣称的话来说，电影作为一门超级艺术形式，允许自由表达其自身。未来主义作家们痴迷电影瞬时性
121 的前景，甚至将其翻译成了下面的等式：“绘画+雕塑+塑形动力学+自由表述+合成声调噪声+建筑+合成剧院=未来派电影”[47]。这种认识，几乎就是列夫·马诺维奇（Lev Manovich）和安德列尔斯·克拉特基（Andreas Kratky）为“软电影”数据库命名的“瞬时性蒙太奇”的先驱，不同媒体被同时运用来创造影片，根本无须考虑叙事线索的发展。[48]

移动图像表现出的现实主义内在驱动，早在电视和真人秀节目形式出现之前就有了。[49]一些现实主义电影传统，可看作当代真人秀节目的里程碑。活跃在 20 世纪 20 年代的苏联电影人吉加·维尔托夫②，他大胆的实验性著作《电影真相》（*kino pravda*）分析了观众在“真相”建构过程中的作用。法国新浪

---

① 菲利波·托尼·马里内蒂（Flippo Tommaso Marinetti，1976—1944），意大利诗人、作家、戏剧家，20 世纪早期未来主义流派的奠基者。——译者注

② 吉加·维尔托夫（Tsiga Vertov，1896—1954），苏联电影人，“电影眼”理论的创始人，苏联纪录电影的奠基人之一。代表作有《真理》《东风》和《此处与彼处》等。其英文名通常写作“Dziga Vertov”，原著作者写成了“Tsiga Vertov”，但应该指的是同一个人。——译者注

潮电影则重新定义了经典的电影叙事，将银幕上的演员变成了布莱希特式的对自己行为具有自我意识的人（就如让·吕克·戈达尔 1962 年的电影《随心所欲》中表现的一样）。法国 20 世纪 60 年代的“实录电影”（Cinema Vérité）运动则关注摄影机的伦理维度，将电影制作者看作了政治运动的见证者，这一点在让·鲁什（Jean Rouch）的电影《夏日纪事》（*Chronique d'un été*, 1960）中有所体现。[50]最后，“将现实放在银幕上”，成了 20 世纪 40 年代意大利新现实主义电影制作人的目标。“二战”之后的很多年，罗伯特·罗西里尼（Roberto Rossellini）、维托里奥·德·西卡（Vittorio de Sica）和卢奇诺·维斯康蒂（Luchino Visconti）发展和应用了今天真人秀节目制作中常见的技巧——实景，可能有些真实性的现场采访，主观的手持摄影机，同步的声音，业余和专业演员的混合等。意大利新现实主义电影[51]受 19 世纪中叶以巴尔扎克（Honoré de Balzac）和乔万尼·维尔加（Giovanni Verga）为代表的欧洲现实主义和自然主义文学传统的影响。

与这些作家一样，意大利新现实主义电影制作人借用普通人的生活，来隐喻类似基督教这样的宏大叙事（这一点正如罗西里尼的电影《罗马，开放的城市》中的基督隐喻一样）。电视真人秀节目同样聚焦纯朴生活。如果没有对实录电影的政治批评或对新现实主义电影的社会历史批评，那么，电视真人秀节目的叙事就会完全利用电影场面调度和消费“纯朴生活”。这正是马克·安卓雅维克（Mark Andrejevic）从采访真人秀节目迷中所发现的：“我喜欢这个事实，它是真人——我与之认同的普通人，他们不是超级明星和奥林匹斯山上的神人”[52]。在真人秀节目中，人们正在观看的是“真人”的生活和行为，不再是国王和众神们。然而有趣的是，借助形式的力量，这些人却被变成
122 了名人，并且这种力量能将任何一个普通人和平凡事变成重要的人物或事件，只要有被放在电影或电视节目中的前提。在全球媒体经济中，被观看就意味着重生和成为名人。正如整容真人秀节目《90210 医生》（*Dr. 90210*）的制片主任所说：“如果你上了电视，你就是名人”[53]。新现实主义电影、实录电影和电视真人秀与观众之间持有一份相似的合同：那个人一定是我。我可能被采访，我可能在上班第一天自行车就被偷走了，我可能会考虑偷一辆别人的自行车来保证我上下班。马歇尔·麦克卢汉（Marshall McLuhan）在 1964 年提出，电视虽是一种“冰冷的”媒介，但电视通过一些互动策略来预热观众，比如，通过电话投票选举产生观众最喜爱的演职人员，进而影响一台节目的叙事结构（或提供类似的幻觉），或者让观众申请加盟，成为一名演职人员和潜在的获胜者。

20 世纪 40 年代到 50 年代活跃的法国影评人安德烈·巴赞①曾预言说，对现实的迷恋会产生形象文化的革命。巴赞创造了“渴望现实”（thirst for reality）这一表达。在计算机无处不在和全浸入媒介时代到来之前很久，甚至在声音同步和手持摄影机（20 世纪 60 年代早期发明）这些基本的拟真技术出现之前，巴

① 安德烈·巴赞（André Bazin，1918—1958），法国电影理论家、评论家，著名电影杂志《电影手册》的创办人之一，著有 4 卷本《电影是什么》。——译者注

赞就梦想有一个完整的摄影体验[54]——全方位浸入银幕现实中。在巴赞看来，影院是一种现象的体验，与现实世界的体验并没有太大不同。他感到，看到新现实主义派电影就是见证真相的体验。正如塞姆·蒂罗里奥（Sam Dilorio）所说，"随着电影被移动得越来越接近世界，每一次技术的发展都更好地满足了巴赞对此的看法，这是一种本能的、基本上难以实现的对再现的渴望"[55]。真实生活的再现能够为生活提供灵感或者干脆说就是一种生活的逃避。媒体哲学家让·鲍德里亚认为，我们的主体性消失在世界秩序之中，那里只有真实坚持存在。在他的录像片《玛琳·雷达克斯：一个真实的好莱坞故事》（*Marlene Redux：A True Hollywood Story*！）中，[56]媒体艺术家弗朗西斯科·维佐里（Francisco Vezzoli）讽刺了自己身处名流驱动的好莱坞环境中想要自杀这一行为。[57]录像格式使用了增强版的真人秀节奏和过于夸张闪耀的编辑风格，也是对电视真人秀类型的讽刺性批评。

在鲍德里亚看来，"我们已经谋杀了真实"[58]。巴赞式的梦想（借助令人信服和真实的图像来取代"真的现实"），使我们陷入了主体性的沙漠之中——"真实的沙漠"，正如电影《黑客帝国》（*The Matrix*）中墨菲斯（Morpheus）所说，这不再只是 19 123
世纪尼采对上帝的谋杀，而是一种象征性的谋杀，当下正是在消灭真实，未来此处不会留下任何东西，哪怕是一具尸体。[59]但是，到底谁是真实的谋杀者？正如鲍德里亚在他的很多著作中所指出的，虚拟逻辑中没有任何主体能被识别并被赋予责任。主体成了一个无用的功能。鲍德里亚关于主体成为一个无用的功能以及虚拟逻辑中唯一他者性自身的“主角”这一预言，在伊安·查尔斯沃斯（Ian Charlesworth）的视频艺术装置《约翰》（*John*）中得到了说明。

在这个视频中，[60]约翰是一个来自北爱尔兰的工人阶级的小男孩，他“扮演”他自己。这时，一个男人的声音响起，让约翰“扮演”一个“蜘蛛侠”，而约翰就是导演，他不只是想象去表演，而是其本人就是那个蜘蛛侠。安妮·艾勒古德（Anne Ellegood）指出，约翰再现了鲍德里亚所讨论的人与自我的分离。他不再是真实经济中的自己，而是全球经济中的某个类
124 型——漂浮在超真实的逻辑中：“一方面他了解导演在寻找某种错误的真实性，这一真实性源于他能够只‘表演自己’的概念；另一方面是其存在的现实性，却被孤立地抛在舞台上，即被从世界中去语境化，且被要求去重新创造一种经验或事件，深陷上述的真实性与现实性之间，他与自我之间存在着彻底的断裂。”[61]这种对约翰文化的展示和挪用——他属于北爱尔兰“蜘蛛侠”类型——可看作媒体食人主义的例子之一，或者就是埃利奥特所称的全球化电子市场中人们相貌的商品化。

食人主义暗示了鲍德里亚的另一观点——形象的暴力，与虚拟逻辑中真实的展示和挪用有关。这种全球电子市场遇到的形象是“暴力的”，原因在于它们正如鲍德里亚所说的是完全透明的。鲍德里亚将这种暴力与隐蔽甚至看不见的“经典暴力”进行了对比。这种暴力不在形象的内容之中，而是孕育在事实之中，我们必须要看到它。看，并不是暴力的唯一动作，而是我们被迫去感知的事实。在鲍德里亚的范式中，暴力不在信息

中，而在媒体与我们无条件对他们的暴露之中。这种形象的暴力的上升，在苏珊、帕特以及“理查德”的例子中有所表现，尽管美容外科术本身具有暴力性，但他们全都体验了他们讨厌的“前”形象以及他们舒适具有亲和力的“后”形象。

和苏珊、帕特和理查德的例子类似，查尔斯沃斯的视频装置揭示了人工缝合术本身——当我们希望表达、展现或找回我们以为隐藏在外貌之后真正的自我时，我们的媒体技术浸入文化整合之后，形成了寻求核心身份的方式。尽管鲍德里亚的惯用语趋向于戏剧化的灾难表达，但我们却要以更加清醒冷静的意识做出总结，把信仰放置在这样一个身份的主体，终究发现的是一具僵尸，毕竟他们寻找到的真实不可避免地仍然是一种仿真——一种体现在他们用来追求真实技术层面的标准与类属的逆投影。苏珊和帕特，正以一种更新更好的接近她们“真实的自我”的形象，庆祝自己的“死亡”；同时，视频艺术装置也颇具讽刺地正试图捕获人们对自己“死亡”的表演。正如约翰那样，毕竟他没有能力逃脱北爱尔兰人社会地位的现状，不论是之前还是以后。

当下的媒体经济，能够随时为人提供三种形象——旧时的 125
或当下的自我、改善过的或未来的自我，以及我们的投射理想（我们投射到他人身上的自我，比如真人秀节目中我们投射到名人身上那样）。但是，正如马克·汉森指出的那样，所有的现实都是“一种混合过的现实”[62]，毕竟完全浸入的梦想不得不被放弃。新的媒体革命使这一切成了可能，从一个媒体现实到另一个媒体现实，其移动越来越无缝对接，且比以往更加同步——

只要“打开”脸书和其他第三屏的身份（比如智能手机），并保持随时接收。电视真人秀节目和其亚流派整容秀，将埃利奥特所称的“看起来漂亮的全球电子经济”与一种用市场驱动、略作改变以及完善后的理想形象替换我们身份的意愿结合起来，共同打造了这种移动的出现。整容秀节目事关变化，所以它们不仅表演这种变化，还将这种变化推上舞台。当然，它们也包括布莱恩·马苏米（Brian Massumi）所称的“情动”（affect）或“强度”（intensity），一个晚期资本主义信息和形象文化的基本因素。[63]情动，不再具有主体性的内容（比如感情）。这个概念实际上闪烁不定，马苏米将其描述为“不合格的对批评的抵制”。作为现实主义文学和电影传统的主要策略之一，即使情动不是主要因素，也表现在电视真人秀节目中。笔者在之后讨论“揭秘”时，会重新回到这一概念，揭秘指的是真人秀选手在电视转播赛事中，其转变后的新自我在“真相”被揭露的那一刻的表现。

梅雷迪斯·琼斯对从文化角度观看类似节目这一实践分析后指出，[64]对于电视真人秀节目这一赛事来说，屏幕身体的消费是其中最基本的一种。琼斯认为，整形外科真人秀节目已经成为一个向观众展示“媒体身体”的平台，借助屏幕的诞生，这些身体已经成为“真实的身体”：“我认为，我们自己的身体形象与整形外科真人秀节目提供的‘媒体身体’不仅发生关联，并且有时还依赖它们，与其互相替换”[65]。在琼斯对虚拟征服真实的鲍德里亚式的阐释中，电视整容真人秀节目的观众带着一个已被消化甚至被吸收成为自己的“媒介身体”，走进真实的世界。[66]换句话说，要感谢电视真人秀节目，尤其是整容电视节目，多亏了它们，我们今天不再需要体验“真实的外科手术”。一种“现实的连续体”[67]，这是巴赞描述意大利新现实主义电影所用的词语，正从现实世界延展到屏幕世界，并且已经将本体论的屏幕生活转移并改造到了真实身体的真实生活中，也即从媒介到肉体。让我们回到鲍德里亚那里，用他的话来说，也就是 126
“虚拟取代了真实本来的样子，接下来并没有对真实做任何修改，便以一种高端成衣的时尚，复制了真实”[68]。《白天鹅》便是电视整容真人秀节目中最极端的例子之一。

《白天鹅》：你不得不投降

美国美学整形外科学会会长皮特·福多（Peter Fodor）将整形外科手术的增长归因于媒体的覆盖度：“我相信，这种增长的趋势至少可归因于关于整形外科手术媒体覆盖度的增加……人们亲自看到的机会越来越多，知道了什么是整形外科手术，能为别人做些什么。这对他们刺激很大，使得他们也想通过美容手术追求同样的福利”[69]。电视整容真人秀节目创办于 2002 年，以美国广播公司的节目《极限美容》为滥觞，随后众多类似节目纷至沓来，包括美国 FX 有线电视网的电视剧《整容室》(*Nip/Tuck*)、福克斯广播公司的节目《白天鹅》、“美国 E!”频道的节目《90210 医生》以及美国音乐电视网的节目《我想要张明星脸》（*I Want a Famous Face*）等。紧接着，2003 年外科手术增长了 12%（830 万例整形外科手术），非外科手术与 2002 年相比增长了 22%。2004 年外科手术增长了 17%（1190 万例手术，比 2003 年上涨 44%），非外科手术则增长了 51%。2005 年和 2006 年，外科手术仅增长了 1%，而 2005 年的非外科手术甚至还下降了 4%（930 万例）。2007 年完成的整形外科手术总共有 1170 万例。这些非急需外科手术的安排，都与优生学计划无关，但是出现这么庞大的数字，至少表明美国文化已将整容电视节目的标准融进了美国自身的文化想象和实践中。

在美容外科电视真人秀节目的语境中，出现了一个问题：到底是什么人在观看这类节目？总体而言，就电视真人秀节目来说，主要的人口统计学数字表明，观看者多是从 18 岁到 25 岁的女性。[70]《白天鹅》的主要观众为 18 到 24 岁的白人女性，父母年收入大概都在 6 万到 10 万美金，其中一部分人还有大学学
127 历。[71]但是，根据收看《白天鹅》男性观众的报告，他们观看节目时的感受比女性愉悦。美容外科手术的统计数据表明，女性是这类手术和美容话语的主要消费者。而男性观众则不同，他们仅是出于娱乐目的观看此类节目，节目对他们个人的影响并不大，但女性观众明显反映受到刺激。

从 2004 年到 2006 年连续三年间，笔者参与了对布法罗、纽约、洛杉矶和加州等地大学生观看习惯和人口统计学的深度研究。[72]在调查学生观看电视节目《白天鹅》和《我想要张明星脸》中，662 名来自纽约州立布法罗大学和南加州大学学习社会学课程的本科生填写了问卷调查，其中包括他们对身体形象和

观看节目的感受等问题。问卷调查取得了大学机构审查委员会的同意，先是排除了躯体异形障碍症的可能。赫斯认为，从某种程度上分析，“躯体异形障碍”及其用来区分那些“病”得太重的参与者，这个术语调动了“文化结晶”(crystalization of culture) 中的规训权力。[73]

调查结果表明，节目收看者之间存在着有趣的地域和社会经济差异。比如，洛杉矶的男生并不比布法罗的男生更觉得节目有吸引力，这可能是由于他们浸淫在洛杉矶的美女和名人文化中太久。布法罗的学生不像洛杉矶的学生那样整天被整容文化包围，他们收看的节目更多，且比洛杉矶的学生表现出更强的美颜焦虑（beauty anxiety）。大多数布法罗的学生家庭受教育程度并不高，也不富裕，这其中或许与阶级相关，[74]可以被用来解释他们之所以更受整容秀节目吸引的原因。阿尔布莱特（Albright）是这样解释的：

> 事实是，许多整形外科真人秀节目的背景都是类似比佛利山这样的上流社会的周边地区，这有可能增强布法罗和纽约观众中间的阶级意识。由于这些节目的目的是用来增强人们的差异意识，尤其是他们的身体与那些住在类似比佛利山居民的身体之间的差异，及这些差异本身的暗示。所以，从布法罗样本中感受到的美颜焦虑，可能真实地表明了一种较深层次的阶级焦虑。[75]

女性整体上比男性更有可能观看此类节目，据她们自己讲

述说，她们越观看节目，越对自己的外貌产生身体焦虑。[76]反过
128 来，她们越表现出身体焦虑，越有可能去观看整容节目。电视真人秀市场意识到了这种恶性循环，因此创作出更多翻新花样的愿望实现节目，来向她们兜售身体与美颜的焦虑。

福克斯广播公司的真人秀频道，在美国一度成了此类愿望实现真人秀节目中最多产的供应商。自 2002 年秋美国广播公司的节目《极限美容》开播以来，紧随其后，一窝蜂出现了多部电视真人秀节目，它们援引多种方法介绍整容，某些节目仿效《极限美容》的成功，可以说有过之而无不及。其中最被热议的节目当属真人秀《白天鹅》，[77]内利·加兰是这台节目的策划者兼制片人。加兰出生于古巴，是电视网德莱门多（Telemundo）娱乐频道的总裁。正如她自己所说，自己过着“好莱坞自信女商人的生活”[78]。加兰奉行的准则是“如果有事让你烦……为什么要等着受它的折磨？起身去解决它就好”。她和丈夫离婚后做了一次彻底整容，一个单身母亲独自养育儿子，她要为自己增加更多的自信。

在她的电视真人秀版的安徒生童话《丑小鸭》（*The Ugly Duckling*）中，参赛选手都做了外科大手术和非侵入手术（如发
129 型和着装风格、节食、健身和心理治疗等），意图变身成为时下的理想美女。加兰的角色就是她们的“生活导师”，连续 3 个月要监管她的这些“白天鹅”，保证她们在 3 个月的期限内，必须远离家人和习惯的生活，进行内外双重改造，以求最终蝶变，成为一个新的生命。加兰挑衅似的直言相告：“没有糖果，远离冰激凌，告别旧生活和习惯，面向未来和更好的自己。”节目规

定 7 周为一赛程，选手两两对决，胜出者可冠以“白天鹅”之名，并在离开节目时，获取 5 万美元的奖金和一个崭新的自我。[79]根据加兰的观点，要做一名成功的选手，就必须愿意接受美容文化，接着才需要接受节目专家的指导建议，这些专家分别有外科医生、私人教练、形象设计师、心理学家和作为生活导师的加兰本人。雷切尔·拉夫-弗雷泽（Rachel Love-Fraser）和爱莱莎·斯戴尔斯（Elisa Stiles）分别赢得第一季和第二季的冠军，显然她们为此“妥协”得最多或最好。

几乎每一名上过《白天鹅》两季的选手，都对自己特有的身体特征不尽满意，[80]尽管她们看上去似乎并没有多么不和谐。第一季的 16 名白人选手，[81]都要接受躯体异形障碍的检查，她们或许有类似倾向但并无医学上的确诊。“正常”的人被筛选出，同时还要表示愿意接受随后节目对她们所做的一切。她们出现在整形节目、美容杂志和各种小报上的“前”照片，一般被拍摄的角度都非常糟糕，并且衣着也毫无吸引力，面容憔悴，甚至有时还面露绝望之色，不过在戏剧化表现面前，这些都不是她们的错。毕竟这些照片无法显示她们感受自我的方式，也表现不出她们与自己身体形象的脆弱关系。例如，第一季的冠军弗雷泽，她说只想把一切都抛弃，仅专注“她到底是谁”[82]。

加兰的目标不是要改变文化，而是要在这些女性的心理范围之内直达“真相”，帮助她们发现真的自己。在对“美与善”这一概念的重新阐释中，加兰承认，只有让内外搭配起来，才能让这些女性适应和改变。加兰把自己看成了心理治疗师和萨满，似乎比她的病人更知道真相。她想帮助这些选手对自己的

130 皮肤满意，她认为只要对身体的一个部位进行修复，属于整个身体的那个“自我”也便会得到修复。这就将“内在”包括其中，也就是那个“位置”所在——根据内利·加兰和《白天鹅》节目中的心理治疗师琳·易安妮（Lynn Ianni）博士的观点——这里才是那些希望改变身体的女性动身的起点。病人希望借助外科手术干预以及“治愈”的这个脆弱的内心位置，已被临床心理学家认识了很长时间。比如，桑福德·吉佛德（Sanford Gifford）将这种做整形外科手术的欲望，解释为人的内心冲突外在化于某一身体部位的表现。[83]将这种临床诊断放入文化理论的语境中，弗吉尼亚·布拉姆指出，“塑形外科手术能够缓解感情伤痛，这是因为对一个现代主体来说，身体表面和身体形象正是客体关系发生交易的位置，这一关系既好又不好，它不仅发生在形成性时刻，而我们的身份或许也贯穿了人的整个生命周期”[84]。

早在20世纪90年代，凯西·戴维斯（Kathy Davis）就对接受整形外科手术的“病人”进行过多次采访，她发现身体和形象已经成了社会冲突、耻辱和不能继续正常生活的发生地，尤其在公共领域，它甚至成了一种执念。戴维斯注意到，女性希望使用外科干预术，并不是一定要变成“美女”，而只是想拥有正常的长相，“就如每一个平凡人”[85]一样。她们无非是想融入“正常”，并不是想要“突出”。凯西·戴维斯和弗吉尼亚·L.布拉姆对女性实施整形外科手术的动机所做的田野调查已表明，大多数女性实施手术的目的只是“为了她们自己”。这种观点也是《白天鹅》和许多其他整容真人秀节目中的部分话语，试图为选手“开脱”，将她们从“想取悦他人的罪”中得到赦免。事实上，苏珊·博尔多（Susan Bordo）就将“为我辩护”作为“电视脱口秀的箴言”[86]，声称这种话语通常就是用来驳斥一种假设，女性正在屈服于社会或文化对漂亮躯体的期望。博尔多指出，“在这类话语建构中，‘我’被想象为一个纯洁的、珍贵的内心空间，一个‘真正的’和个人的所指，从未被外在的价值和需求染指。在这里，我们可以自由生活而不会被到处挤对”[87]。然而，问题也因此产生了，“是否可以说是女性自己选择了美容外科手术，还是她的这一‘选择’被一个更大的男权结构过度决定，使美容外科手术似乎成了在这个对女性身体充满敌意的世界中，心理生存的唯一抉择”[88]。

电视整容真人秀文化正是相信有这么一个“真实的内在空 131
间”。在其将内外搭配的尝试中，也将美丽躯体、美丽灵魂和道德责任联系起来，试图将这种联系展示为一种公民责任。但是，在整容文化的时代，拥有一个美丽的“灵魂”到底意味着什么？一个恰如其分的 21 世纪“美与善”的概念，到底应该是什么？相面术总是认为，身体与一个时代最为需求的性格类型的背景正好相对。从一张表现得与上帝近似的脸孔中获取灵感，这是约翰·卡茨帕尔·拉瓦特尔的相面术传统，而今天的身体整容所做的尝试，与相面术传统非常相似。它们宣称，整容的目标不是让自己看上去像一个“他者”，而是要去发现自己，发现如何真正地成为自己以及反复确认那就是自己。这种自我已经超越了作为一具肉体的有限现实，进入一种混合现实，它们可以选择借助或不借助身体提高的技术，但都要遵守美容的凝视的法则，由自我被想象和被提高的多种方式组成。这种自我，目前还在不断地改变。相信这种改变的真实性，并不意味着要与这种流动的或变身了的自我的观念互相冲突。变身是让自我整形的必需品和真正本质。事实上，正如加兰所说，本质只有向必须低头，才能存在。“真实的”自我并非一种既定之物，而是一种先验的存在，亟待被人发现。它必须被实现，因为这是整容后的那个自我实际拥有的道德价值的副产品——努力工作。如此，躯体不再是一种先验的存在，而是一个可被投资的平台。那么，抵制一个改善了的躯体和灵魂的行为，将被看作一种糟糕的道德表现。《白天鹅教程》（*The Swan Curriculum*）是与福克斯广播公司的整容秀节目《白天鹅》配套出版的图书。在这本书中，内利·加兰一直认为欠自己一个自己，也是为那些有整容意向的读者签订了一份合同。合同的框架秉承了以下类似的道德提示：“当你准备好开始执行这个计划时，请你和自己签下这份终身合同”[89]。合同包括以下内容：“我保证给自己必需的时间和关注，去实现生命中真正的改变。我理解有些健身训练并不舒服，也富有挑战性，但我会让自己真心听命于整个过程，因为我值得成为一个我能做到的最好的女性。”[90]违反合同，意味着你没有竭尽所能，是对自己和他人的一种不敬。

辛迪·英格尔作为《白天鹅》第二季的季军获得者，值得成为这些最好的女性之一。辛迪原本是一名来自圣地亚哥的家
132 庭主妇，她留下两个年幼的儿子，开始了长达 3 个月的“努力工作”，她在《白天鹅》节目的圆梦剧组的陪同下，搬到了好莱坞的一家诊所，墙上一面镜子也没有。辛迪就是凯西·戴维斯

描述的女孩子之一，“她们的外貌开始代表她们曾经生活中的‘一切都是错的’”[91]。中学时代辛迪不过是个年幼的小姑娘，却由于自己的大鼻子，她觉得自己就是“丑女”和“天生的万圣节女巫”的代表。[92]戴维斯对 20 世纪 90 年代做过美容外科手术的女性进行研究后发现，有些人已经在某种程度上患上了身体形象紊乱症，她们越来越关注自己身体的某一部分，还将部分看成了一个人外貌的全部。她们只盯着那些“毁了其余部位”的部分身体。不然，根本不能看镜子。[93]

辛迪的丈夫肯（Ken）在美国海军工作，薪水满足不了妻子“一直渴望的梦想”[94]。对于节目制片人加兰来说，辛迪在 50 万个节目申请者中是一个具有吸引力的选手。她积极向上，有强烈的自我意识，这表明包装她并不是一件太过冒险的事，她有可能一朝出世，便成为“新的你”和电视播放的媒介景观。[95]正如纽波特海滩的苏珊和帕特所报告的那样，辛迪汇报说她曾经对美容外科手术做过一番调查。她来到节目组时，内心早已描 133
绘好了如何改变自己的外在形象，同时她也准备好了她所在地区——圣地亚哥和洛杉矶最好的整形医生的地址和网站。辛迪向节目组申请，自己主要想改变的是尖下巴和塌鼻子，尽管在此之前她在一家部队医院做过手术，却并不满意改变的结果。兰德尔·海沃斯（Randall Haworth）博士是《白天鹅》的著名外科医生，他联系了辛迪所在地区的医生，还为她添加了其他一些手术项目，这些都算作辛迪与节目《白天鹅》签订“合同”中的一部分。[96]海沃斯医生认为辛迪是一个“理想的塑形对象”[97]，因为“在她身上可以做很多工作”[98]。海沃斯医生是个健谈的人，他尤其强调了自己的艺术眼光和品味，称自己算得上“塑形外科界的国际领军人物、创新者和专家级外科医生”[99]。他应该是一个艺术家：“我能感觉到什么是合适的，什么看起来会漂亮。我直觉很好，有过硬的艺术背景；我知道如何从外科手术的角度把我对病人的视觉认识转换成现实。”[100]为了说明他的工作与雕塑之间的关系，海沃斯医生引用了法国雕塑家奥古斯丁·罗丁（Auguste Rodin）的观点：“形式就在木板里，你只需将它暴露在外”。辛迪和兰德尔医生一直保持着良好的友谊。节目结束后好几年，我与杰弗里·阿兰·罗德斯（Geoffrey Alan Rhodes）一起创作了纪录电影《整容在美国：驶往整形新大陆》，在影片制作的过程中，我还去拜访过他们，这时他们还是一对好朋友。在他们的关系中，我们看到了弗吉尼亚·布拉姆从许多整容外科病人的采访中发现的那种现象：外科医生与病人都对表层的自恋有所认同：他怎么看她，便是她怎么希望别人看自己。[101]正如桑德尔·L. 吉尔曼所说，外科医生并不是在一个人的物质身体上做手术，而是“在重塑我们对自己的幻想”[102]。辛迪的幻想进入兰德尔思维框架的程度，能从我们在电影拍摄过程中所做的一个实验中看到。我们请他们对调一下角色，并让他们回忆辛迪第一次到访医生办公室时两人之间的谈话：

兰德尔扮演的辛迪：医生，你觉得我需要面部提升吗？

辛迪扮演的兰德尔：我想答案是肯定的。（辛迪把手放在他脸上)。

兰德尔扮演的辛迪：哦，我喜欢，医生。(一副调情的声调)。

兰德尔扮演的辛迪：有人说我的嘴唇薄，能让它们看起来更性感一点吗？(辛迪扮演的兰德尔肯定的语气，暗示所有病人的愿望都能实现)。

兰德尔扮演的辛迪：我真的太激动了！什么时候 135
能开始？我都等不及了！整个一生人们都这样看着我，我还要问一个关于麻醉的问题：这一切安全吗？(辛迪扮演的兰德尔肯定地说，很安全，麻醉对兰德尔的影响与对辛迪的影响是一样的，并且和之前的麻醉方式一样)。

兰德尔扮演的辛迪：医生，我之前接受过麻醉，醒来后就光着身子到处跑。

辛迪扮演的兰德尔：哦，那不是问题。办公室只有我们几个人。事实上，你愿意现在就接受麻醉吗？[103]

许多外科医生提到，病人通常进到他们办公室时，根本没有具体的改变计划。他们表示希望听医生的建议，因为在他们看来，医生对美容的凝视就是那种给予他们美，并将他们恢复成“他们打算成为的样子”的凝视。拉瓦特尔将这种凝视看作他的相面术直觉，海沃斯和许多美学外科医生则会最大限度地使用他们的对称、比例和艺术感来解释这种凝视。由于医生是站在光谱的另一端来为病人做手术，因此在病人的愿望或幻想与医生之间，需要发生一定的让渡。二者要借助一个内在化了的更好的自我形象来产生联系，共同打造一种崭新的事物——病人的新面孔或新躯体，并以此产生病人的新世界，以及医生对一个更美好身体的幻想，进而有了医生的新世界。深入挖掘医患之间的让渡与反让渡的宇宙，不在讨论范围之内，毕竟这个宇宙经常是一个高度充斥情感甚至爱的所在。女性爱上了整形医生和男人爱上了自己的创造物，无论是在文学作品还是在现实生活中，这些都司空见惯。

对于那些已经“投资”身体的病人来说，向整形手段投降，并不意味着只是被动地待在原处，听任医生的手术刀……让这些变化发生就好。辛迪的例子业已说明，让变化发生，需要做到严格的自我约束，这也是观众希望看到的。很多此类节目的年轻观众最为关注的问题之一，[104]便是选手可能不值得拥有一个漂亮的新身体，原因在于他们认为这些人并没有“努力工作”便得到了这一切。换言之，人们希望从这些新身体上看到的，是天道酬勤。

生物伦理学家卡尔·埃利奥特（Carl Elliott）在他的著作《锦上添花：美国医药遇上美国梦》（*Better than Well*：*American Medicine Meets American Dream*）中指出，他发现了服用百忧解①
136 和合成代谢类固醇药物与采取美容外科手术之间的联系。所有这些当下的“自我策略”最终都为看到“我们打算成为的样子”而服务。[105]卡尔·埃利奥特从医药和生物伦理的角度探讨了寻求一种“真正现实的自我”提高科技的主题。在他讨论整形

---

① 百忧解（Prozac），是一种抗抑郁的药物。——译者注

文化时，卡尔·埃利奥特解释了1939年好莱坞电影《绿野仙踪》（*The Wizard of Oz*）："这部电影就是一把开启理解当代美国提高人体科技之地的钥匙。稻草人、铁皮人和狮子并不一定要去巫师之国，只是因为他们非常想得到'提高'。他们之所以去了那里，是因为他们想成为他们自己。《绿野仙踪》的世界和当代美国社会一样，追求美好生活是人们内心对真实性的渴望。正如多萝西所说，'如果让我再次寻找内心的欲望，我不会在比我家后院更远的地方去寻找。如果我没有找到的话，我再也不会因迷路而重新开始'。"[106]正如内利·加兰的口述，对于一次成功的整形来说，要找到乌托邦，必须提前设定两个不可或缺的步骤——要妥协，去变化。

在吉尔曼看来，身体整形意味着完全"变成"一个被标识为可见的不可见性，让步于"回到理想状态的欲望，只有这样，我们才能控制世界"[107]。在这样的状态中，每个人最终都变得更好却一模一样——这些"丑小鸭"们最终都看起来像她们的"白天鹅妈妈"——内利·加兰。乔安娜·齐林斯卡（Joanna Zylinska）的观点走得更远，她把拥有一张从"世界创造之初"就有的脸庞的欲望解释为一种更深层次的幻想，试图拥有一个"无他性的世界，要抹除一切差异回到幻想的那一刻，彼时的自我是时间、空间和语言的主人"[108]。如此解读，真是一针见血，整容是一种"逃离生物政治体制"的乌托邦尝试，这种体制"把某些躯体标记为异常——从种族意义和色情意义上，或者就躯体在劳动力市场表演好坏的能力而言"[109]。齐林斯卡（Zylinska）将电视真人秀节目《白天鹅》描述为"部队集训营”，参赛者/士兵们要在其中发挥作用，需要了解这类体制的纪律和规则；否则，身兼老板和总司令的内利·加兰就会公开羞辱、惩罚她们，或者把她们开除出节目。齐林斯卡总结道：

> 集训营（如果我们准备这样称呼剧组的话）此处成了限制军事法则的盲区，参赛选手的生活被置于自
> 137 由伦理规范之外。她们的身体要在训练营内公开切开、滥用和重塑，直至辨认不出，这时候她们才能回到“正常世界”，一个“改头换面之后”的末日空间。[110]

齐林斯卡的阐释受到吉奥乔·阿甘本①“例外状态”论的启发，[111]与内利·加兰的箴言“你必须投降”联系起来。投降是剥夺一个人的身份、情绪和意志的必要步骤，目的在于在最初的人工缝合基础之上重构自我。接下来，笔者会梳理人工缝合术如何接收面部识别技术、电脑游戏和网络信息，它们与今天的全球电子媒介市场如何互动。[112]

E-FIT（电子人脸识别模式），如何绘制嫌疑犯图像？

第一个例子是关于一款名为 E-FIT 的软件，即电子人脸识别

① 吉奥乔·阿甘本（Giorgio Agamben，1942— ），意大利当代哲学家、思想家。著有《什么是装置》《例外状态》《语言的圣礼》等。

技术，也称“进化版人脸识别技术”，由苏格兰爱丁堡的视觉测量有限公司（VisionMetric Ltd.）研发。E-FIT 基于维克多·S. 约翰逊（Victor S. Johnson）和 M. 弗兰克林（M. Franklin）提出的面部进化原理。E-FIT 及其加强版 EFIT-5 不再追寻平均值，而是能够根据目击者对罪犯的记忆，绘制出一张独特的面孔。E-FIT 的软件工程师克里斯·所罗门（Chris Solomon）这样解释：“这个系统在 2500 张各种族裔的男女图像上做过训练。[113]我们先做了一些处理，这能让我们把握人的面部与平均面部之间差异的主导性或关键性方式，也就是数据库里采用的所有面孔的平均值。接着，我们便可制造出一张新面孔，它们是所有关键因素的随机组合。如此，系统便不再需要初始的照片，它已经学会如何制造出属于某一特定人群的面孔。事实上，系统可以制造出差不多接近无限多的‘新’面孔。所有这些制造出的面孔，只是‘虚拟’意义上的面孔，毕竟它们不是从真实面孔的个体元素中得来的，而只是无论如何看起来都很真实罢了。”[114]

首先，被囊括进 E-FIT 逻辑的选项有性别和族群的要素。种族图像库中的男性，限于墨西哥裔、印度裔、中东人、东欧人、东方人、黑人及白人，女性则限于墨西哥裔、印度裔、东方人、黑人和白人。正如所罗门所说，系统只能处理之前受过“训练”的那些族群。而对于东欧女性，系统却没有将其作为类属处理， 138
这是因为视觉测量有限公司没有储存足够的人群作为类型图像，况且东欧女性并不构成英国犯罪的常见危险类属。第一步系统已经“学会”使用类型化的判断，比如，判断一个中东罪犯可能的长相。

接着，软件使用者来选择年龄，将年龄范围控制在：起始年龄为 15 岁到 20 岁，截止年龄为 55 岁到 60 岁，然后挑选一个近似脸型，把一张面孔“写进”E-FIT 的进化模式里，就可以启动制作过程。正如所罗门所讲，这就是此系统领先之处，就像“美化发动机”一样。罪犯的目击证人观看多组计算机处理过的面孔，刨除最糟糕的匹配，选出最佳的匹配群。正如程序本身的说明，系统“考虑这些选项，并逐渐将最接近目标的面孔进化出来。”一台变异滑翔机控制着显示面孔中的变量。当证人认出一张面孔模板的时候，会先将它们固定下来。

139 下一步包括使用“本土工具”来缩小面部的配饰和其他附件，比如帽子的类别，也包括族裔描述、材料以及他们出现在文化想象中的功能——非洲人、印花大围巾；印度人的裹头巾和羊毛等。最后，动态覆盖工具能让此系统插入一些现实效果，比如法令纹、眼袋、高颧骨和双下巴等。在覆盖工具中，使用者也可以自行调节年龄，制作一个“变老的视频”。

约翰（John）和杰西卡（Jessica）是两名 26 岁的大学生，他们参加了笔者在美国约翰斯·霍普金斯大学举行的面孔的凝视研讨会，他们让其他学生借助 E-FIT，将他们的面孔做了近似计算。我们发现，约翰的犯罪嫌疑人的替身比杰西卡的替身相对容易制作，制作出来的杰西卡替身看起来不怎么像她。因为从统计学的角度来看，男性比女性更容易犯罪，所以系统在男性图像制作上，性能更好一些。

E-FIT 软件预设了“一个真图像库”的存在。根据设计师克里斯·所罗门的观点，软件设计的目的就是在这些人物、性别

和族裔类型的基础上进行学习，软件会制作出完全崭新的虚拟 140
面孔。但是数据提取的真正图像库是技术干预自身的结果或者称为一种逆投射。

只要干预行为旨在将一个真实身体的成形过程和一个理想的整体缝合起来，而这个理想整体的存在，在开始的位置就已被技术使用所预设，那么所有这些干预便可称为人工缝合术。在这个意义上，幻象转型、信息转导、混合现实以及人工缝合术，在理论上都取得了充分的可操作性。吉尔伯特·西蒙东①也用下列术语解释过幻象转型并引申出这样的概念："当两个几乎不能完全区分的双胞胎组，比如左、右视网膜的影像，被放在一起作为一个系统，在更高的层级，新的角度允许整合他们双方因素的单个组群率先形成时，才会出现幻象转型"[115]。阿德里安·麦肯兹（Adrian Mackenzie）发展了这条推理线索，还明确
规定，所谓转导指的是"一个过程，且借这个过程，差异能得 141
到拓展和暂时意义上的跨界重构"[116]。

最基本的观点就是有差异的图像作为构成因素，存在于个体前的那个阶段。接着，作为转导过程的结果，作为个体的主体才真正形成。人工缝合术是可以操作的，尤其当差异两极的一端或两端依赖于一种技术干预，而不是将两个纯粹生物学的例子结合起来的转导（就如左右视网膜那样）。这些人工缝合术，其执行的目的旨在缝合成一个理想的整体，而从某种程度

---

① 吉尔伯特·西蒙东（Gilbert Simondon，1924—1989），法国哲学家，师从著名哲学家乔治·冈圭朗和梅洛·庞蒂，著有《技术对象的存在形式》《个体及其肉体——生物的起源》《心理与集体个体化》等，他有关个体生成和技术与文化的思想，对德勒兹影响很大。——译者注

上讲，这个理想的整体存在的首要位置是被技术预设好的。同样，理查德、苏珊、帕特和其他选手，指的是一个理想化了的他们自己的版型，是全球化应用面孔的凝视所生成的结果。就E-FIT的面部合成的例子而言，幻象转型和转导过程可以在很多
142 层面上进行操作。面孔样本先要根据真实人口数据的类型化分类被挑选出来，接着，再进行数据化处理，得到变形，形成虚拟模型，继而再将真的感知通知给预期的判断。克里斯·所罗门的图像资源无非是从人工缝合术的角度形成的一个逆建构，经过无数次的图像变形，最后生成为人们认可的E-FIT面部识别软件的虚拟个体。即使所罗门声称已经对系统进行过培训，它也要经过道德判断和面孔凝视的通知，才会知道如何区分诸如东欧人和其他欧洲人。因此，对于视觉测量公司一直都在期待来自全球的信息输入，切莫大惊小怪，这和切萨雷·龙勃罗梭当年收集人们从全球各地邮寄给他的犯罪者图片是一样的道理。所罗门说过，“如果你了解任何一个能够得到这些东欧女性照片的潜在资源，一定要告诉我”[117]。

《模拟人生》：创建、购买、生活

美妆的凝视在娱乐业中也有所运用并得到发展。《模拟人生》（*The Sims*）是一款基于计算机模拟环境之下改造社区的电玩游戏，这是关于国际“西姆人”（Sims）的社区，可支持17

种不同的语言，建有各种各样的粉丝网站，包括“Modthesims”等“西姆人”交换网站。这款游戏的前提非常简单：“创建、购买、生活”。正如查理斯·保尔克（Charles Paulk）所说，“创建一个家园，入住一户家庭，西姆人的人生就此开启”[118]。《模拟人生》最初的设计是一款“家园翻新”游戏，游戏上市时，正值第一期家园整容秀《交换空间》在美国有线电视频道 TLC 和“发现家园”同时播出。《模拟人生 2》的扩充材料包将“宜家（IKEA）家居材料”和“H&M 时装材料”直接包括在内。西利亚·皮尔斯（Celia Pearce）注意到，“西姆人”的家居产品展现方式为目录式菜单，配音是“宜家家居游戏”[119]。保尔克 143
也发现，在全球电子市场上，带有符号价值的身体部件和任何一款消费产品都可以交换。

《模拟人生 3》的环境被扩容为一个社区，你可以从“未来的谷歌地球”上看到它。《模拟人生 3》为室内设计部分又添加了更复杂的创造模式。用“西姆人”的语言来说，游戏增加了“创造一个西姆人”（简称 CAS）的特色栏目。这个模式比《模拟人生 2》中类似的特色栏目更为高级，鼻子和嘴巴的设置被允许怪异和疯狂。《模拟人生 3》中，“美与善”的艺术被引入，以方便玩家在定制“西姆人”中为他们的人物挑选一种情绪，这些情绪会决定人物的面部表情和他们成功与否。《模拟人生 3》中最关键的是“西姆人”的性格特征，而不再是身体和长相。在“创造一个西姆人”的特色栏目中，玩家可以在 5 个主要的类属中来定制自己的西姆人——基础配备、长相、毛发、服装以及个性。其中，基础配备包括诸如名字、性别、年龄和肤色等一些基础信息——和 E-FIT 的性别和族裔类属相似。其重要特色之一就是“整容特色”。用西姆游戏语言来说，“躯体修饰”可沿着上下浮动的标尺定制体重和肌肉尺寸。

这一特色之下的美妆的凝视也暗含了性别特色的信息：如果提高男性的身体肌肉，则要增强他们的臂膀肌肉；如果提高女性的身体肌肉，则让小腹更加平坦以及增强小腿和大腿的肌肉。上述特色与关于女性愿望的小组访谈，其结果一致。我们在纽约州立布法罗大学组织的小组访谈，就是有关身体塑形和电视真人秀节目的，22 岁的大学生凯西（Cathy）说她最愿意考虑的就是吸脂术，希望拥有《模拟人生 3》中女性肌肉标尺上暗示的六块腹肌：“可以啊，我一直在努力练成六块腹肌，”她大笑着说，“比如，我现在肯定有两块，快到四块了。但是我想，虽然我每晚都坚持做卷腹运动，可我还是很想直接去做吸脂术，比如说，目的就是练出肌肉。当然，能做到这一点，还要归功于我坚持做卷腹运动……这是我的新年计划。好吧，这次我打算练成六块肌肉，毕竟现在有了标准和其他一切条件。说实话，我非常想实现这个愿望。”[120]

在“创造一个西姆人”模式中，第二类属是外貌。玩家可以在这里决定头部、耳朵、眼睛[121]和鼻子的位置和构型；比如
145 雀斑、美人痣和化妆等“主题细节”[122]。在“创造一个西姆人”的模式中，没有化妆和类似肌肉尺寸、体重等身体特色的区分。它们都归入视觉领域和“外貌”类属。第三类属是毛发，包括眉毛和睫毛，分为不同的风格和颜色。第四类属是服装，包括一些亚类，如便服、正装、睡衣、运动装和泳装等。第五类属

也是最后一个类属——个性，这是威尔·怀特（Will White）最富创意的一次变化。玩家定制西姆人时可供选择的个性特点超过 60 种，它们主要分属 4 个不同的心理类别——头脑（比如心不在焉、无法忍受艺术、天生的厨师和演奏家等）、身体（比如笨拙、整洁、从不裸体、永远走运）、社交（比如变色龙性格、擅长接吻、信用问题、交际能手）和生活方式（比如易激动、有偷窃怪癖、素食主义、冒失鬼）。挑选好"西姆人"最喜欢的食物、音乐和颜色之后，游戏玩家就已经建构了一个有 5 种个性特征的生物体，这些个性允许偶尔彼此排斥。比如，某个"西姆人"属于家庭型，那么他一定不可以"不喜欢孩子"。或者某个"西姆人"属于"从不裸体"型，他就必须穿着浴衣冲澡。最后，玩家还能为"西姆人"选择一个毕生愿望，比如当一个"自由世界的未来领导人"等。如果这个"西姆人"在他的西姆人生实现了这个愿望，玩家将会获取一个毕生幸福奖，比如一个"钢制搅拌器"，那么这个西姆人就不再需要上卫生间了。正如保尔克所说，"西姆人"都是"天生努力挤入上流社会的人"[123]，与我们没有多大差异。

《模拟人生》迅速成为一种文化现象，根本原因在于它打破了电玩游戏大多吸引男孩子和年轻人的性别动力："《模拟人生》成功地要了个花招，沿着性别曲线构建了一个平均分配的玩家基础，吸引女性的同时也不疏离男性玩家"[124]。在这个游戏开发之前，男性玩家大多玩第一人称的射击类游戏。《模拟人生》让游戏玩家得以进入他们正常生活的幻想王国。这里没有怪兽，却有鬼魂，他们是一些死而复生的"西姆人"，玩家可以像任何

一个“西姆人”那样重新进入游戏。《模拟人生》的总制作人本·贝尔（Ben Bell）解释说，“如果有人碰巧不幸在游戏中死
146 去，你就可以取代他们，成为另一个玩家，而他们也会觉得玩起来更有趣”[125]。

《模拟人生》独特地将人工缝合术结合了起来。一方面，游戏给予玩家各种各样的可能性，用于定制、创造和控制“西姆人”的人生，决定他们如何改变会比我们自身这个版本略好。在这个意义上，他们可以对我们生活中曾经造成的身体伤疤或受损的领域重新缝合——借助弹出的菜单来给人工缝合提供多种可能性。正如总制作人贝尔注意到的那样，游戏能吸引人们，原因在于“当你正在玩游戏时，游戏立刻就反映出你是一个什么样的人……你可以根据你的生活借助游戏重新创造情境。因此当你一开始玩游戏，游戏就立刻成了你的投影，我想这才是游戏真正吸引人的地方。你一边玩游戏，游戏一边给你创造力的灵感。所以，这看似是一款娱乐游戏，但实际上更像一个日记”[126]。另一方面，玩家可以在电视上观看他们的“西姆人”，他们仅是靠在沙发上，看着自己生活在真实生活之外一个令人
147 兴奋的替代世界中。多亏“西姆人”的智能化，《模拟人生》使游戏玩家能够更充分享受这个真实驱动的角度：“所以，这些品质不仅确定‘西姆人’想从生活中得到什么，也能确定他们如何和其他人发生联系，他们如何使用世界上的物品，生活中他们能够做些什么等诸如此类的问题。游戏实在太丰富了，也很深刻，让人非常信任”[127]。游戏中这些做过改良并提高的独立性，让“西姆人”有能力照顾自己。他们不太需要构建他们创

造者和偷窥者的人设。事实上，正如贝尔强调的那样，游戏也被植入了某种幸灾乐祸和讽刺意味："当游戏人物遇到糟糕的事情时，首先，你是一个观察者。好像这种事并没有真实地发生在你的生活中。碰巧是他们遇到的，但这有可能是你让这些事发生在他们身上的"[128]。

有了《模拟人生》和电视真人秀节目，观众就能观看发生在别人身上的事情，但可能这些事情正发生在他们自己身上。《模拟人生》的游戏玩家可能会构建一个鲁莽的政治家"西姆人"，这样他就可以与他的邻居讨论，有时甚至是打架。这样一来，"西姆人"玩家立刻就成了他个人电视真人秀的制片人、选角导演、参与者，同时也是观看者。14岁的奥莉薇亚・W（Olivia W.）已经玩过《模拟人生》的3个版本。在一次访谈中，她描述自己与其说是一个"西姆人"的游戏者或观众，不如说就是一个制片人兼分配演员的导演，"我愿意创造一个假想的人——完全是编造出来的人。如果我让某些人成为大家都知道的人，就餐的时候我说，'我创造了我的朋友……'那么大家就很想观看我的'西姆人'，他们还这样说，'这看上去根本就不像她！'所以我愿意创造我自己的'西姆人'"[129]。奥莉薇亚家中有6个孩子，她是家中最小的女儿，她从自己的生活中获取人生体验。她让她的"西姆人"完全属于她个人，不仅保护她的领地，还能意识到她的心理动机："我愿意控制我的'西姆人'。我是家里最小的孩子，从来就没有可能控制我的姐姐们。所以，现在我愿意在游戏中这样做。"[130]与古老的布娃娃游戏一样，小姑娘将她的社会领域拓展到了游戏之中——非常自然地调和了现实。

自我推销，或当凝视反观时

这些美妆的凝视在全球电子市场的消费文化中起作用的例子，表明我们的真实生活与屏幕生活关于改善现实的方式之间有着极强的联系。所有这些例子——丑小鸭借美容转化成为白天鹅，E-FIT 下的犯罪嫌疑人，以及《模拟人生》中的视频人物
148 ——这些改变的平台和内容都是自我。这些操作都指引我们回到最初的“真实”或“神圣”的内心所在，但是那个所在，以技术干扰我们最深刻内在的“原创性”方式，不停地在被人工缝合所创造。我们注定要以一种被称为“凝视的方式”来反观我们自身，而这种凝视又以“自我推销的方式”反观凝视自身。[131]

那些“自我推销”的网站代表了一种新的制作人、屏幕和观众的型构。正如罗德斯（Rhodes）所说，“他们正在关闭制作人和观众、凝视和客体、摄影机和屏幕之间的通道”[132]。“ISM 项目（Project-ISM）是个公共艺术装置。每天我们都会推出新的网页，艺术家会在上面展示自己，他们大胆讲述裸体、名望以及互联网，这就是自我推销。它会让你去看、去想、去双腿酸软，如果你愿意，它也会让你一举成名”[133]。

类似的网站令人感兴趣之处，在于他们建构凝视的问题和屏幕的“方位”。罗德斯观察到，“有些行为艺术者被独自封闭

在一个自恋的通道上，她既是观察者又是被观察者，既是凝视
的主体又是凝视的客体。[134]从斯拉沃热·齐泽克①的角度来看，
自我可能在竭力抵制这种他者性，却又总是回到他者欲望的这
个中心问题上来："你想从我这里得到什么？"[135]在"自我推销"
的逻辑中，他者欲望的问题实际已经被翻转。现在我反倒会反
问自身，"我想从我这里得到什么？"在这种"暴露的完成中，
那里除了自我，几乎每一个成员都要从捕获中被去除"[136]，因此
才会产生希望抹除自我作为他者的一个通道。这种自我抹除的
现象学可以被比作"无角度"的视点或者其本身与这个视点有
关，这种"无角度"的视点以 360 度的方式被构成，而这种凝
视最终还要归功于电影制作领域。正如列夫·马诺维奇（Lev 149
Manovich）所说，这个领域从一开始是作为一个闭环被产生的：
"一个闭环，一次重复，均是靠手柄的圆形运动而生成，继而才
生发了事件的进程——一个非常基本的叙事，这种叙事本身也
具有非常现代的典型性：一台在空间里移动的相机，按自己的
方式记录任何一件事情"[137]。这个闭环也引发了计算机编程，因
为大部分程序都基于重复和反馈。这样，闭环就成了一台引起
动态叙事的引擎。[138]在这种循环性下产生的图像，不再以脑海中
结构和线性的凝视来阐释，正如在劳拉·穆尔维提出的"男性
的凝视"中；相反，这些线性叙事中的凝视则声称来自内部，
来自在其"原点"上就对本身做了人工缝合术的自我。由于外

① 斯拉沃热·齐泽克（Slavoj Žižek，1949— ），斯拉夫人，当代马克思主义哲学家，拉康传统重要继承人之一，将精神分析、主体性、意识形态和大众文化兼收并蓄，形成了独特的学术思想和政治立场。——译者注

貌不再是一个人性格特点的标记，这种得到改善了的自我的无角度图像，也可被阐释为“美与善”古代规则的一种内爆。相反，正如在《模拟人生》中的世界秩序一样，与人的外貌和发色一样，个性只不过是某一个体的某一方面。在闭环的逻辑中，一切既有深度，却同时又有平面。

根据鲍德里亚的观点：

> 最糟糕的异化不是被他者剥夺而是他者的被剥夺。也就是说，必须在他的缺席上生产出他者，因此持续地反指自我和自我的图像。如果我们今天被诅咒到我们自身的图像……那不是因为异化，而是因为异化的终结，因为他者虚拟的消失，这才是最糟糕的宿命。[139]

对鲍德里亚来说，塑形外科手术不过是更加激进的他者性和命运手段的一种亚流派，正如辛迪·英格尔和黄金面具的例子向我们展现的那样。在如此的“同一性经济”中，[140]凝视在一个封闭的通道中回望自己，那么身体就成了识别一个人的唯一确切的地点。凝视内爆进一个人本有的身体之后，便会抛弃一个人已有的身体。这种同一性经济，可用来解释迈克尔·杰克逊之所以“失去”鼻子和天然肤色的原因。从临床医学的角度来看，杰克逊鼻子和肤色的“问题”，可看作是他内心矛盾的外在化，最后具体投射到某一身体部位。可以借用患厌食症的逻辑来解释，杰克逊所谓的“失去”，其实是一种欲望，不仅抛弃自己的“旧”身体，也将种族和性别的束缚一并抛弃，以便在

它们所在之处创造出一个“新”身体。但就杰克逊的例子来看，
这些身体的改变并没有让他的面貌“焕然一新”，不过只是粗暴 150
地将他的面孔完全变成一个异界（otherworldly）的面容。迈克尔·杰克逊并不希望整容过程中保留一丝自己的痕迹。他的整容强调的是自我的失去，但这种激进的分裂，被他硬生生地活成了一种真实性的行为，或者说一种回归自我的行为。所以，一个内化于道德层面的“美与善”概念之中的相面术装置，已经在自身的逻辑进程中运行。而 21 世纪的数字和外科工具又为美妆的凝视提供了一种过去只能被想象的可塑性和无所不在的可能性。笔者会继续观察记录在一种媒介中的这些历史，这种媒介一度作为美妆的凝视最有效的传播方式之一，也已经被驱使要将这些历史主题化——那就是影院。

第四章

编辑女性：美妆的凝视与影院

151 罪，始于女人，我们都将因她而死去。

——《德训书》或《西拉子耶稣智慧书》，25. 24（新牛津注解本《圣经》）

他挑选了五个（女人），因为他认为不可能在一个人身上找到描绘美的所有特点，毕竟大自然从未发生过一例，一切被塑造得完美无瑕，且每一部位都美丽精致。

——西塞罗，“挑选模特的宙克西斯”[1]

女人越是看起来像自己梦想的样子就越真实。

——电影《关于我母亲的一切》（佩德罗·阿莫多瓦，1999）中的变性人阿格拉多美妆的凝视是一种感知自己与他人身体的方式，经常要求身体持续塑形以求更加完整。这种凝视取决于一种与女性自己和女性身体的特殊关系，在现代女性中得到发展。在 20 世纪，美妆的凝视更是整合了传统的厌女幻想和先锋派的艺术革命，前者将女性的存在撕裂成一张双面面具，用以遮蔽死亡的深渊和接受男性创造性冲动的空白平面；后者则要求美忍受痉挛的变化。将这种美的概念播撒进文化之中，很大程度上为整形美的文化铺平了道路，这种文化不仅通过暴力手段热烈拥抱改变身体的命令，同时也部分接受整形过程的一种艺术化。这样一来，那些所谓的身体异常、畸形以及对身体的创造性介入，便可作为自我表达的模式得以实现其肯定性的价值。换言之，美妆的凝视，在社会层面上规定了同一目标产品的价格，并且为美的阴暗面也打开了一个可以被接受的空间。

最后，笔者要探讨美妆的凝视在影院中的表现，因为电影 152
是播撒美妆的凝视最有力的媒介之一，从而回到美妆的凝视的双重效价这个问题上。心理分析电影理论的悠久传统已经聚焦了作为构成银幕形象和宣传男权价值观的“男性的凝视”。或许到了用美妆的凝视这一概念替换男性的凝视这一概念的时候了，正是基于这个原因，接下来笔者大部分的分析，其着眼点实际上都是心理学分析。尽管男性的凝视抓住了美妆的凝视中的厌女倾向和循规蹈矩这两个方面的特点，但在理解电影这一专门探讨甚至庆祝美的阴暗面的解放行为的艺术潮流上并不老练。影院在传播束缚我们的凝视，创造一种概念化、用以批评和最终争夺凝视目光的语言方面，发挥了强有力的作用。

为了这一目标，笔者首先简要回顾了从 20 世纪 40 年代到 21 世纪的第一个十年间，美容外科术如何成了一系列影片的主题。影片表现出的外科干预的焦虑已经向正常化发展，但一种不能言明的关于欲望结构的观点潜藏在干预手段之下，依然没有改变。在这些影片中（全部为男性创作），女性愿意做手术的动机皆出于对男人的爱——无论这个男人是恋人还是外科医生，或二者集于一身——以及隐含在每一部电影视觉之下的幻想，都是关于这个男人喜爱的这个女人的全部自我、最初的自我和真正的自我。

美妆的凝视在概念上要比男性的凝视更加开阔与精妙，前者承认对影院和艺术的理解，旨在揭示美妆的凝视建构在人工缝合术之上。笔者接着考察两部女性创作的电影，它们中断和扰乱了在美妆的凝视之影院传播中心一直存在的女性整体性[2]的浪漫神话。在玛丽娜·德·范（Marina de Van）和简·坎皮恩（Jean Campion）执导的这些电影中，女主角们那些令人不安和矛盾的欲望，面对的正是美妆的凝视试图掩盖在自我之中的裂隙。正是在这些裂隙中，女人以她们被切割和被消音的躯体形象进入了一种情色关系。换言之，隐含在美妆的凝视（不一定完全是女性）之下的缝合处，不仅被完全暴露，甚至还被体验为一种美。

笔者要探讨的是，影院的这种启示能力如何超越自身，到
153 达表演艺术电视和真人秀节目那里。我们将把电视真人整容秀的“揭秘”时刻作为终极模式，用以解释媒介如何复苏了 19 世纪相面术专注于阐释隐藏在美的表面之下的善的意图，又如何以 21 世纪美妆的凝视的形式，重新成为工具并被重新包装。

电影艺术中的麻醉：美容外科术与电影

笔者选取的这些影片都为男性所拍，原因在于它们展示了女性完整性的神话，同时强调了女性的创造从依靠男性之手到通过容颜改变让婚姻或爱情焕发活力的观念等不同亚主题。这些影片的历史跨度从20世纪40年代到21世纪初，不仅包括了一种最初的将“丑女人”和“坏女人”的叠加（运用拉瓦特尔的术语），更有类似在金基德（Ki-duk Kim）的电影《时间》（*Time*）中，那种更复杂微妙地将美妆的凝视运用和注入女性完整性的现代美的神话中。这些电影均是一种西方的凝视的案例。即使《时间》这部韩国导演拍摄的电影，其观影对象也是国际化设计，并采用了一种美妆的凝视原则的流畅性。

笔者要涉及的美容外科手术和电影逸事，肇始于20世纪30年代晚期和20世纪40年代早期的两部电影，都是根据1933年法国电影编剧弗朗西斯·德·克鲁瓦赛（Francis de Croisset）的剧作《从前》（*Il était une fois*）改编的。其中一部为1938年古斯塔夫·莫兰德（Gustaf Molander）执导，英格丽·褒曼（Ingrid Bergman）主演的瑞士电影（其后来的英语片名为《女人的面孔》），另一部为乔治·顾柯（Geroge Cukor）导演，琼·克劳馥（Joan Crawford）主演的美国1941年的改编版。在接下来的讨论中，笔者的视域仅限于这个经典美容外科手术故事。

电影故事运用了闪回的方式，把从一桩谋杀审判作为叙事的起点，事关一名本来十分美丽的女罪犯，却有一块极其丑陋的伤疤导致其在一定程度上毁了容。女主名叫安娜·霍尔姆（Anna Holm）（琼·克劳馥扮演），在电影的前半部分，她总是头戴一顶帽子，并把帽檐压得很低，不仅遮住了脸上的伤疤，也避免目光触及镜子。遵循“美善”的规则，电影将安娜展现为一名因面部畸形而导致犯罪的女性，或者如龙勃罗梭的观察，因为是一名罪犯，所以她的面孔才被处理成畸形。在一次行窃中，安娜遇上了古斯塔夫·赛格特医生（Dr. Gustaf Segert）（梅尔文·道格拉斯扮演）。赛格特医生是一名美容外科医生，他的
154 妻子薇拉（Vera）在影片中是一个反派角色，背着丈夫与其他男人互通情书（根据20世纪40年代的价值观，这一行为远比盗窃糟糕）。

既然故事已经“去除”了妻子薇拉的完整性，于是便朝着安娜和古斯塔夫之间有可能会发生的爱情而推进，出于对安娜这类畸形面孔的兴趣，古斯塔夫为安娜免费做了手术。手术之后，安娜从一个“冷血”女性变成了一个“多情善感”的女人，这一点在古斯塔夫向安娜和观众展示她的新面孔时就有所显露。“亮相”不仅为观众带来了安娜这样一个“更好的自己”，这一时刻也在医生和罪犯之间被高度赋予了情色主义。电影的场面调度成了经典的爱情场面，男性被置于比女性更高的地位，女人的眼睛紧闭，好像在期待被人亲吻。医生则目不转睛地注视着这个被他创造出来的完全被动的客体，一层层除去女人脸上的绷带，似乎在脱去女人的内衣一样，而与此同时，女人显

然表现出非常享受医生的动作。

镜头中男性的凝视，属于典型的传统电影的处理方式。不久，两人结婚了。影片最后一个场景，重新回到安娜的审判现场。不足为奇，新安娜被宣判无罪。当古斯塔夫站起来讲述安娜的性格时，安娜打断了他，回忆说他曾将她贴上了“这个最 155
让人恐惧的无情生物”的标签，古斯塔夫没等她讲完，就又打断她说：“这不是你，这从来都不是你！”就在这一刻，安娜发现了新的自己——那个总是希望嫁为人妇的女人，正如她坦白说自己应该“属于人类”。安娜的整容满足了美妆的凝视的道德主义预设：现在的她是一个完整的人，不再只是某一部分漂亮。变得美丽也让她成了一个好人、一个女人——也就是说，不再是怪物或者一个被人类排除在外的人。最后，这样的整容或许从来没有单独发生过。需要有人来促使这样的变化，而这个男人现在将永远爱上他的创造物。

将女人整体变成男性的外科力量，并不一定总在文学和电影中产生一段罗曼史。在赫苏斯·弗朗哥（Jesus Franco）执导的恐怖电影《可怕的奥洛夫医生》（*The Awful Dr. Orlof*）中，奥洛夫医生很想修复女儿梅丽莎（Melissa）（他的另一件创造物）畸形的容貌，便在他的忠实随从莫佛（Morpho）（名字暗含了奥洛夫造成对方畸形的事实）的帮助下，将漂亮的女性诱拐到一个城堡中。这位医生在这些被骗的女性身上做实验，他试图剥下她们的皮肤重新用到自己的女儿身上。奥洛夫在只有一只小船才能进入的手术室中，以一种恋尸狂般的忠诚，用这些无辜的漂亮女性身体做手术。

156 赛格特和奥洛夫医生之间有很多相似之处。他们都能（或他们相信能）让女人实现完整性。他们都着迷般地投资在自己创造的客体上，都请观众观看了一次窥视癖的景观，女性的身体被切开再被重新恢复完整，即使这样的目的是以一个被诱拐的美丽女性为代价，使另一个女人获得完整性。然而，两部影片都没能试图进入被切割的女性的视角中。

较早进行这方面尝试的是乔治·弗朗叙（George Franju）执导的一部法国美容外科心理电影《无颜之眼》，可看作电影《可怕的奥洛夫医生》的续片。这部电影后来在美国重新发行，题目改为《浮士德博士的恐怖室》（*The Horror Chamber of Dr. Faustus*），影片在试图进入那些身体遭遇畸形女性的心理领域，要比前辈们做得更加微妙，也更具电影艺术感。在让·雷东（Jean Redon）编剧的这部电影故事中，克里斯汀·热内西埃（Christiane Génessier）遭遇了一场车祸，面部严重受创，不仅造成畸形甚至还很难得到修复（这已经与安娜完全不同了，安娜的畸形为“天然”形成）。克里斯汀与奥洛夫医生的女儿梅丽莎一样，她们都有一个做外科医生的父亲，这算得上一种“幸运”。两位父亲都想借用外科介入的方法，在女儿身上做实验，试图修复她们的面孔。为了达成目的，热内西埃医生需要美丽女人的血肉（和奥洛夫医生做法一样）。这一次他的助手不再是畸形和瞎眼的莫佛，而是他年轻美丽的女友露易丝（她是克里斯汀的继母，不是生物学上的母亲），热内西埃医生曾为露易丝
157 做过手术，现在她的工作是帮助医生诱惑那些年轻的女人，给她们服下镇静剂，然后在一个秘密的地下实验室中剥取她们的

面孔，之后再处理好她们的尸体。和之前的影片有所不同，观众是从克里斯汀的角度体验整个手术过程的，克里斯汀自从车祸之后就一直戴着面具，非常渴望有一张新的面孔。而摄影机展示给我们的只是克里斯汀的背部，一直到她最终透过一张恐怖的白色面具盯着我们时，镜头才向观众展示了她那一双美丽的眼睛正闪烁着晶莹的泪光。克里斯汀尽管为那些因她而牺牲的女性感到内疚，但她想要一张新面孔的欲望越来越强烈。电影采用的也是一个逐渐揭秘的过程来呈现这些内容，开始时克里斯汀正在她父亲的地下实验室，遇到了一个已经被秘密麻醉很快就要被施以手术的受害者，接着，她在镜子前摘下面具，从镜子里看到受害者惊恐的反应。在《无颜之眼》中，恐怖的来源始于邪恶的外科医生和克里斯汀本人，克里斯汀的丑陋通过面具背后那张缺失的脸孔被风格化，而观众对她也会报以怜悯，毕竟观众现在已经有了共识—— 一个人如果失去脸孔到底意味着什么。

热内西埃医生试图修复女儿容貌的计划以失败告终。在皮肤移植手术结束之后，他遗憾地发现新的皮肤组织出现了人体排斥反应，克里斯汀不得不再次戴上面具。克里斯汀最终也认识到她再也无法拥有人的“完整性”，她放走最后一名受害者后，杀死了露易丝。

这则 20 世纪 60 年代早期的故事，让我们看到了女性主义用来解释克里斯汀行为的可能。她决定不要面孔。然而，这种“选择”并非完全女性主义，因为克里斯汀并没有真正将她对美的定义用到人的容貌上。她的面具也不能看作人工缝合术的例子，尽管人工缝合的痕迹已被抹除，毫无痕迹。可以说，克里斯汀从来没有获得过一张新面孔，毕竟在她所处的时代，新面孔的获得还没有医疗上的可能。但是，美妆的凝视依然在充分发挥作用，试图寻找克里斯汀真正的、美丽的自我。

面具作为女性气质建构的能指，也出现在实验派邪典电影《圣山》（*The Holy Mountain*）（亚历桑德罗·佐杜洛夫斯基执导）中。这部根据科学小说改编的电影发生在金星上，谈论的是人
158 们实现长生不老和保持美貌的一种不可能的欲望。那里正在大规模生产面具，这些面具是活的有机体，可以调节适应任何用途：

> 人们都希望被别人喜爱，不是因为他们本来的样子被喜爱，而是因为他们想表现出来的样子。因此我们创建了一条面具生产线，它们具有活人的肌理、温度和气味。顾客能够拥有一张任何她想要的面孔……每一张面孔都独一无二，可以持续一生。她可以带着她的人造面具到坟墓里去。我们的尸体化妆部可以去除死亡的样子。我们不仅美化尸体，还给它们配备了电子装置。它们可以吻别家人，参与它们最后的权利，或者进行现场直播。

尽管佐杜洛夫斯基（Alejandro Jodorowsky）的先锋派电影讨论和戏仿了借助终身面具的隐喻来改变一个人的脸孔的不可能性，却没有从男性的凝视这一角度质疑女性面孔的中心性，或

者永恒美貌前提的重要性。实际上，所有这些电影，无论对女性完整性的浪漫神话批判与否，都以这样或那样的方式预先假设，男人通过将他们的视觉强加给女性来决定女性的面貌。

笔者在下一组电影的讨论中，会转向另一个问题：关于女性能动性的缺乏。在之前的影片里，男性在女性的生活出现毁容事件之后，便对女性进行了整容。在法国电影《双面镜》（*The Mirror Has Two Faces*）（安德烈·卡耶特执导）中，家庭主妇米歇尔·摩根（Michèle Morgan）决定去做美容外科手术，旨 159
在为她和一个“精神健全的中学教师”的婚姻保鲜。结果却非她所料，从丑小鸭到美丽主妇的变身最终毁了她的婚姻。不能接受你的“独创性”，成了一种被诅咒的存在的暗示——这和第一部电影传达的信息正好相反：美，是一种生存策略。这部电影在美国被重新翻拍。在美国电影《双面镜》中，芭芭拉·史翠珊（Barbara Streisand）饰演女主罗斯·摩根（Rose Morgan），虽然讲述的还是同一个整形故事，却没有美容外科手术的参与。罗斯通过节食，锻炼身体，改变发型，学习化妆，了解如何挑选讨人喜欢的服饰，最后掌握了一切“自然的”和“独立的”整容策略。她甚至将这一观点传达给她的丈夫——哥伦比亚大学教授格里高利（杰夫·布里奇斯扮演），然而，格里高利却说他更喜欢“曾经的罗斯”，罗斯这样回应丈夫：“我只是做了一些改变罢了，这根本不像做手术”[3]。芭芭拉·史翠珊的美国翻拍版强调了罗斯的整形并不依赖男性的专业技术，这一点与《双面镜》的最初版本有很大不同，初版中的米歇尔·摩根一开始只是想取悦丈夫，最后却爱上了自己的外科医生。不管怎么说，影片对情节的改变提出了笔者一直关注的问题：真有这样的事情吗？整容只为自己吗？

《双面镜》可看作韩国导演金基德执导的影片《时间》（*The Time*）的先驱。尽管金基德迄今为止还徘徊在西方文化标
160 准之外，他却希望他的电影能够在国际发行，他应该反思的是电影艺术的一种传统，一种对已被广泛传播的美容外科手术的国际性迷恋，至于国界抑或文化，金基德根本没有多加考虑。影片一开始便是一例正在进行的眼部手术：一名韩国女性正在做眼睑整容，试图看起来不那么“亚裔”。就如我们前面讨论的影片一样，《时间》由男性拍摄，试图在女性人物欲望的电影构成中激活一个男性的或称为异性恋者的凝视。在这部2006年的整容惊悚片中，外科手术存在行为几乎就是一种后思想（afterthought）。通过已正常化技术的介入，主题很容易归入情节的流动之中，根本不会留下一丝“针脚”。

《时间》讲述了年轻男子智友（Ji-woo）和女友希熙（See-hee）之间爱恨纠结的故事。希熙担心自己不够漂亮，害怕她与智友的爱情某一天会走到尽头，便决定离开智友去做美容外科手术，想作为一个新的陌生女人，重新出现在智友的生活中。她希望智友也同样将她看作一个“新”的女人，从而获得不一样的生命体验。不过，这个神话表达了一种信念，那就是任何事物都可更新——不仅人的美貌，连爱情也是如此。正如导演在一次采访中指出：“东方文化没有清晰区分人的身体和灵魂。问题在于，女性总想得到爱人某种方式的抚摩，但遗憾的是，这种相拥的关系常常很快就失去了激情。”[4]因此影片《时间》就

成了一则关于不可能的欲望故事——人们希望中止时间的进程，阻隔时间的变化。可以说，影片讨论的是一种让爱情永远凝固在最初那个时刻的尝试。从这个意义上看，这部电影是对整容话语意义的一种推测——只要启动焕新按钮，一个人便能够且必须更新灵魂、身体和爱情的一种观念。

除了在技术上加速这种幻想之外，美容外科手术不能起到任何作用。但美容外科手术并没有被表现为让人恐惧或被人批判的存在。与之相反，外科医生摇身一变成了“帮手”。正如笔者在其他影片中一直分析的那样，医生的“外科手术”，不再被表现为深入美丽女性胴体的一道暴力“刀口”，而是一种审美化了的体验。适应这个观念，《时间》的开场就是一次外科介入充满高度审美化意象的蒙太奇。蒙太奇开始时，一双女人的眼睛 161
最后一次睁开，接着便进入了麻醉后的昏睡。与赛格特和奥洛夫医生不同，他们全心贯注在病人的美貌之中，大胆地在手术室里就揭掉了她们脸上的绷带，而影片中这位没有名姓的年轻韩国整形医生，却从未做过类似的事情。他的情色主义被高度审美化的电影摄影艺术所制约。医生此时全部精力都集中在外科手术和手术工具上，比如，静脉注射针管就被描述成一种近乎于进入病人身体的性器。大特写镜头下病人的瞳孔映出手术室中对称的灯光。浪漫的钢琴曲唤起一种期待。外科医生正着手他的工作。他用铅笔在病人的眼睑上做出标记，它们在镜头下表现得就像一组美丽的图画。

电影开场的这段蒙太奇，以一场血淋淋的乳房手术与一个 162
胸部的意象叠加而结束。这台外科手术“并不恐惧”，甚至可以说“富有魔力”，因为影片压缩了手术过程，直接越过三个月的康复期，从外科手术的角度看来毛骨悚然的身体直接拥有了它的“完成性”。电影开场还让人率先感受了一遍整形外科手术“被麻醉了”或“被延缓”的环境。医生办公室的门上贴着一张人们手术后的照片，上面写着这样的问题：“你想要一个新的生活吗?”希熙对她的医生解释说：“我不想变得更漂亮，我只想要一张不同的新面孔。”医生显得聪明能干，他给病人看了一部关于外科手术存在风险的电影，对她强调决定一旦开始便无法反悔。当医生对希熙说出“不能改变”这句话时，他在扮演现代美人神话中一位警示仙女的角色。医生的绅士做派，如果换作 20 世纪 40 年代和 60 年代那些贪婪的医生，一定让观众感到不可思议。这部影片也因此将美容外科手术的欲望超越了美的话语范畴。确实，医生承认他有可能做不到让希熙“更漂亮”。他一面承认人造美的局限性，一面在电脑上为病人做着实际手术前的改变。

然而，希熙想要的不是漂亮，而是她和智友初恋时那种爱的感觉。她希望借助整容术回到时间的长河之中，她觉得那时
163 候二人之间的爱情美好而新鲜——为了这个体验，她宁愿放弃自己的面孔，成为一位异己者。

希熙的计划一开始还算成功。她再次遇到了智友，智友被这个“新”的希熙吸引了。他们“第一次”发生性关系之后，智友对她说，“我之前从来没有这样的感受”，却为她是谁感到困惑。他一直摆弄着他们初遇时他拍的那些照片，越是想弄清她的身份，他便越感到困惑。希熙觉得很悲哀，心头涌起一种

奇怪的情感。他到底是爱她的新身份，还是迷恋她的旧自我？“旧”的希熙开始给智友留言，诉说自己非常渴望回到他的身边。智友很痛苦，承认他仍然爱着“旧”的希熙。但“新”的希熙与恋人发生了激烈冲突，扬言要去找到他的“旧”女友：“我一定要找到她，阻止她。”

电影《时间》讨论的是一个女性的欲望，却从男性的视角描述了这种欲望。希熙希望和从前一样，不仅爱情新鲜，自己也被男友倾慕。当她真的再造了这种感觉之后，却不停地质疑这份新的感情，为它的真伪而困惑。既然时间不可逾越的跨度已将“真实现有的”爱与那种新鲜的、初始的，一定程度上总是以过去式存在的爱分开，那么希熙希望借美容外科手术来抹平时间的跨越注定失败。希熙不可能是个“新人”，更不是一个能将自我置于崭新体验的人。这种失败在影片《时间》中以两个人物的三角恋关系，被渐次展开。如果这是影片要达成的目的，那么它也算得上成功地兼具反思性与娱乐性。但是，电影《时间》没能质疑迄今为止我们讨论的所有影片中都透露出的欲望结构这一问题。

与所有这些影片一样，女性寻求外科手术（或者外科手术被一个邪恶的反派医生强行施加）的目的，在于使自己的形象成为男人欲望的客体。无论手术成功与否，这种观念却从未引起人们的质疑：一个最初的、完整的、女性的身份，是对隐含在电影的凝视之下男性欲望结构恰如其分的终极补充。正如在美妆的凝视的所有作用下，这种电影的凝视使女性相信自己是并不完整的，并且暂时只能这样。毕竟美容介入和手术成败取决于它们的最终产品在多大程度上更接近理想的女性身份。然而，作为美妆的凝视最强有力的因素，女性身份既是传统的美的观念的基础，又是美的痉挛性的阴暗面的源泉。女性身份可以是上述两种事物，这是因为女性身份是一种抵制总体化矛盾
164 的建构。拉康就把女性的地位看成“一切无”，他的最著名也是最臭名昭著的言论之一就是“女性并不存在”[5]。

接下来，笔者主要关注两部女性执导的电影，它们探讨了女性气质欲望的危险性，这种欲望有自己的发展方向，围绕美妆的凝视掩盖之下一种碎片化身份展开讨论。这些电影期待的是心理分析的方法，因为只有这种方法，才能引导观众从一种男性的凝视的预设，走向美妆的凝视的分析。

记述女性主义气质的电影

玛丽娜·德·范主演的故事片《切肤》（*Dans ma peau / In My Skin*）大概是根据拉康心理分析学家乔尔·多尔（Joël Dor）描述的一起歇斯底里病例而拍摄的。[6]在多尔描述的这一病例中，X 女士患有严重的身体异形紊乱症。她有着强烈的自残冲动，这名女子经常弄伤自己的四肢、腹部和胸部，引起感染，不得不住院治疗，只能寻求心理分析师的帮助。在心理治疗期间，X 女士通过特有的刻写或者说一种自恋的身体暴力标记，让身体言说。这种身体言说的策略属于典型的歇斯底里症，患者欲得

到某物，却先让某物为他人欲望并呈现出来。

就主人公埃斯特（Esther）来说，她第一次自残显然是个意外。当埃斯特（玛丽娜·德·范扮演）在黑夜里穿过布满生锈金属废渣的后院时，并没有意识到自己的腿部被割伤。当她看到鲜血从裤子里流出，才意识到受伤，便去看医生。医生问她伤口是否很疼，她却回答说不疼。多尔描述的 X 女士，她的第一次自残是故意而为，尽管看不出她有明显的动机。她承认自己 17 岁时遭遇了高中阶段一次令她恐怖的袭击之后，便用刀片割伤了胸部。与电影人物埃斯特一样，在这个“不相关的状态”下，也就是 X 女士弄伤自己的那一刻，她感觉不到任何疼痛，而是“当血开始流出时，感到一种非常陌生的幸福感，这种幸福感一直持续到短暂的大出血结束”[7]。在心理分析中，歇斯底里的主体最喜欢扮演的角色之一就是痛苦的角色。X 女士有几个特点属于典型的歇斯底里患者，疼痛和流血就与这些相关。通过压抑和凝练的合成过程，借助分析师详细的联想调查，X
女士再一次说明了“某些能指如何被无意识地选择与解释，结 165
合连续隐喻和换喻，最终凝练成了自残的病理症状”[8]。此处没有多少空间来赘述 X 女士漂浮的能指，但是红色这一颜色成了一个契机，我们可以发现一个为她自残行为负责的引人联想的能指链——红色，“成了一个与男性有过性快感的无意识的隐喻，此外，也与某物从身体流出的体验有关”[9]。这种对红色鲜血流出的欲望与体验，X 女士是通过自残而完成的。在心理分析的解读中，可将其看作 X 女士青春期一系列性遭遇的结果，后来又在 X 女士的无意识中得到了压抑和换喻。她的身体语言将这种自恋以身体伤残的形式表现为一种能指。

尽管X女士和埃斯特表现出的症状极为相似，玛丽娜·德·范执导的《切肤》还是反对心理分析学的方法。德·范的叙述并没有将埃斯特的自残归咎于一种性能力的丧失或青春期的创伤。影片展示出埃斯特与她的伴侣文森特（Vincent）之间的性生活“正常而健康”。这些与她歇斯底里的自我毁坏的爆发不一定互相矛盾，但电影并没有说明埃斯特自残背后的心理动机。第一个表明主人公身体紊乱的场景是在工作时，埃斯特突然被一种希望受伤后伤口再愈合的强烈欲望所控制。[10]后来埃斯特对文森特描述了这件事，她说：“我根本没有思考就动手了，完全身不由己。”

最能引起人们将自残行为解释为女性的一种身份策略的是商务晚宴那一场景，从中可以见证埃斯特产生的与自我躯体分离的幻觉。这种表面碎片化的身体体验，包括她有一次曾经看到自己的胳膊就如同一个分离的实体滚落在餐桌上。

埃斯特的这种分离幻觉，在人们用餐时关于日本的对话中（从用餐者的西方观点来看，日本文化是一种“分离”文化，这一点在谈话中有所指出）被再次强调，埃斯特的确无法参与或跟上这些谈话。晚餐时人们的言辞直接将她包围，却根本没有感动她或被她理解，就好像她的胳膊就在她身边，与她完全分
166 离。对于这一场景，导演德·范提出的问题是：“如果我的胳膊仅仅是一种可像刀叉一样放在桌子上的东西，会怎么样呢？”埃斯特与自身身体的疏离和分裂，被表现为一种她正从事的自残行为的必要条件。正如德·范在评述中所作出的解释，“仅是关

注一个人的身体以及一个人与自身身体的关系，那么所有其他的社会关系注定只会失败。”德·范的目的是要表明身体的碎片（比如一只胳膊）转化成一个自残的客体。她要追求的是主体成为客体的转化，这一转化成了一个女性的传说。

自近现代开始，碎片化身体一直引起人们的兴趣，不断涌现出的新灵感和新技术，都和从解剖学角度如何看待身体有所关联。《切肤》最让笔者感兴趣之处，不是进入皮肤之下的视觉或叙事策略，而是女性的凝视和女性身为观众的身份问题。换言之，是无序状态下的女性身体的塑形，以及那些重获一张能够将女性身体整合的图像的痊愈策略。笔者关心的第一个关键性问题是：《切肤》是否以女性的视角面对观众和建构观众？答案并不确定。一方面，女性主人公埃斯特的身体意象是电影成败的关键，尽管这种身体意象并不属于好莱坞式的被动身体的传统：我们只是被邀请前去观看并从中获得愉悦。观众却被邀
请从埃斯特的角度来见证她的“边界混乱”，这样的方式有时是 167
高度审美化的，有时甚至是情色化的，却依旧是一个男子汉气概的位置。[11]这个位置之所以是“男子汉气概的”（这一点被许多女性主义理论家指出），原因在于它能够激活凝视，同时与意象的女性气质所认同，毕竟其本质就是被动的，这也正是特瑞莎·德·劳拉提斯（Teresa de Lauretis）将女性主体性称作“非主体性”的一个原因。[12]另一方面，电影《切肤》并没有为女性身体意象建构问题，给出一个女性主义者可能的解决方案。电影运用传统的方式面对和表征女性身体，因此对于观众来说，埃斯特的身体就成了一个问题。在这个意义上，这是一部女性

气质过度作用的影片。正如安妮可·斯梅丽科（Anneke Smelik）指出：

> 德·劳拉提斯提出，叙事的功能之一，就是无论她们同意与否，都要“引诱”女性接受和形成一种“女性气质”……女性主体被塑造成了她们渴望这种女性气质。此处，德·劳拉提斯将马拉维（Mulvey）的名言给颠倒了过来：不是一则故事需要施虐，而是施虐需要一则故事。叙事中的欲望与暴力亲密地结合在一起来反对女性，而电影叙事的技巧不仅反映而且同时在维持女性压迫的社会形式。表征不过是一种换了另一名称的权力罢了。[13]

在女性身体上执行的身体暴力，是玛丽娜·德·范这部非心理学记述女性身体紊乱症电影的主题。在影片结尾，当埃斯特笃定地走在上班路上，被突如其来的不可抑制的冲动再一次控制并急欲自残时，身体的紊乱从电影给人的视觉上变得更加密切与戏剧化。我们看到的世界就如她的眼睛所感知的一样，一个孤立的视点，迷失了方向，把我们带到了一座旅馆的房间，她就在那儿将自己割成了碎片。结果是一场血浴，一个埃斯特身体紊乱症故事的电影结局。

在电影《切肤》中，女性气质、身体紊乱和再现紧密相关。玛丽娜·德·范的电影虽没有为女主紊乱的身体提供一个治愈的方案，但触及了问题的核心——女性身体及其不稳定的形象，或者用杰奎琳·罗斯（Jacqueline Rose）的话来说，一种“再现外在女性气质的不可能性”[14]。

简·坎皮恩（Jane Campion）的故事片《裸体切割》，在举例说明女性气质和女性性属再现的悖论上，比电影《切肤》走得更远。电影改编自苏珊娜·摩尔（Susanna Moore）的同名小说——一开始便在女性身体碎片（26 岁红头发名为安吉拉·桑
德斯的被杀害的躯体）与情色欲望（第一人称叙述者弗兰妮[15] 168
迷恋上侦探詹姆斯·A. 马龙，后者正在曼哈顿的华盛顿广场居民区调查这桩谋杀案）之间，建立了有力的联系。

> “她是怎么被杀的？”
>
> “喉咙被切开。”他停顿了一下，“嗯，然后被肢解。”
>
> 多好的独立单词！……肢解。
>
> 他把笔记本塞进口袋，又从另一侧口袋取出两枚袖扣，放下衬衫袖子，我记得正是这个颇有男人味儿的动作吸引了我。[16]

英语教师弗兰妮被单词“肢解”（disarticulation）所吸引。 169
她利用业余时间编纂一本英语俚语词典，上面收录了一些矛盾而又所指丰富的词条，比如，“skins”，名词，“女性性行为”（getting some skins from the pretties）；或“to do”，动词，做爱；杀人。[17]弗兰妮从单词“肢解”体验到一种恐惧和恶心，但同时唤起了一种性快感。

事实上，小说《裸体切割》中矛盾的欲望结构正是叙事背后的动力。故事关于一个连环杀手在女性受害者身上从事的切割技术（比如，杀手会仔细在第五和第六颈椎骨之间的位置割掉女性受害者的头颅），但同时也关于语言切分，因为故事中几乎所有的人物在谈论女性气质时都参与了切分。

在小说中，人物刺耳的言语将女性气质切分得支离破碎，与此同时，连环杀手的刀片正直接切开女性的躯体。在影片《切肤》中，一个女人渴望自残，并因此处于碎片化的位置。《裸体切割》恰与这样的经验相对，其中的女性叙述者是通过欲望结构来体验自己的女性气质，成为一个被切割的客体的想法唤起了她们的欲望结构。在小说中，这样的欲望最终吞噬了她的身体，并将身体的碎片一块块地送到了杀害她的凶手那里。小说饱含死亡冲动的结局和电影更具好莱坞风格的大团圆结局有所不同：

> 我并没有感到刀片在切向自己，只是一瞬间感到突然的暖意和疼痛，好像被叮了一下，温热的鲜血顺着胳膊淌下来漫过双手。习惯之后我甚至感觉不到疼痛。刀口还不算太糟。
>
> 他说他并没有打算割伤我，但他忍不住。[18]

170 切割不仅仅发生在字面意思层面。歧视女性以及种族主义的言语大部分是侦探马龙“切割”进弗兰妮和读者的意识层面。这些言语上的切割吸引着弗兰妮，不断地刺激她、撩拨她，这些在弗兰妮编纂的语言学词典里都有体现，其中就有她从纽约街头收集到的各种歧视女性或种族主义的言语。显然，弗兰妮对这些切割充满了欲望。她需要用这些来确定她作为女人的身份。在电影的改编版中，马龙在语言学意义上的切割又得到了编辑技术和其他电影拍摄手段的补充。当弗兰妮和马龙发生性关系时，小说语言呈现出持续碎片化的特点——身体与身体缠绕在一起。弗兰妮的对异性的体验却非来自自己的身体、外貌或者人格。

正如《切肤》中表现的，这个特有的、被“肢解”的女性身体，成了女性气质被言说的场所。实际上，女性气质本身就居住在“刀口”处。小说快要结尾时，弗兰妮已经处于连环杀手的刀下，她说了下面一段颇有启示的话：“切开我。他不喜欢这样，我也不喜欢。我又有了一个录入词典的新词。马龙以前对我说过‘一个街头俚语’。赌徒们用这个词表述你正在被窥视。在刀口处，这是安全之地，不会受到伤害。”[19]

在这个“刀口”处——危险的安全之地，弗兰妮了解了自己的冲动。正是从这个位置，她得以窥视到一个女人，这个女人反过来又成为小说的第一个受害者。这种体验尽管有字面意义的成分，却让小说翻转并继续发展。一切并非巧合，这个女人和小说中弗兰妮的遭遇一样，都被连环杀手切割而死。

此处笔者关注的问题是，影院与《切肤》中的皮肤和《裸体切割》中的刀口之间，有怎样的关系。如果激活男性的凝视
是一个“男子汉气概的位置”，那么像玛丽娜·德·范和简·坎 170
皮恩这样的女性作者，还能讲述一个不同的故事吗？答案是肯

定的。此处故事的细节是有所不同，但都能通过这些电影采用的艺术化语言得到解释。

从专业的摄影机视角来看，“刀口”的“所在”或“皮肤”之处表征了一个不可能的位置。没有人会住在《裸体切割》中的“刀口”处，或者《切肤》中皮肤标记的边界。两部影片都运用了一个“望”的技巧，强调了皮肤作为身体边界的隐喻这一内外双重性的特点。两部影片探讨了通过编辑女性使女性碎片化的问题。这些导演将我们的吸引力更多地引向美妆的凝视而不是男性的凝视，从而为欲望切割女性的问题提供了一些答案。

碎片化是在影片《切肤》的结尾片段处，以摄影术设计图的形式被呈现出来。屏幕被一分为二，双框架的运用暗示了切割、分离、碎裂和深渊。埃斯特被切开的皮肤与她为这场“外科介入”而精心准备的碎片叠加在一起——一柄尖刀、一把尺子和一台记录她工作的摄影机。但是，还有一面镜子，用作近乎字面意思上的隐喻，指的是她进入了前逻辑的碎片化镜像阶段。埃斯特看着镜子里的自己，我们则从第四面墙（镜子之后）来观望她，帮她创造了一个身体意象。这完全是拉康的镜像阶段和“最初”身体身份的匮乏概念的视觉讲述。埃斯特被分散的身体正在观众的讲述中，等待来自外部世界的限定和语义化的处理。

以影片《裸体切割》的例子来说，激活女性视点的强有力的元素之一就是摄影艺术家迪昂·比比（Dion Beebe）的摄影机技巧。场景要通过原始镜头来拍摄，完全借用手持摄影机，原因在于焦点易于摄影师进行手动调节。[20]然而，坎皮恩选择一台讲述碎片化的具有女性气质言语的摄影机，却一直不被大众传媒接受。比如，“并不只是电影开场的镜头模糊化和不稳定：整部影片的观点和视角从头到尾都没有聚焦”[21]。

正如电影中出现的那样，马龙与弗兰妮在位于曼哈顿下城 172
的公寓中谈话，弗兰妮是安吉拉·桑德斯谋杀案的目击证人：“你不记得看到或听到了什么了吗?”弗兰妮看了一下马龙的文身，说：“你能告诉我凶杀是怎么发生的吗?”马龙说：“喉咙被切开，然后被肢解。”当他说到“切开”这一词汇时，镜头对准了弗兰妮。当马龙说“肢解”时，镜头又转回来对准了侦探本人，在坎皮恩的版本中，马龙不叫詹姆斯而叫乔万尼。[22]弗兰妮写下单词“肢解”时，摄影机的近镜头又对准了弗兰妮的字迹，电影第一组准情色片段到此结束。之后的叙述中，在弗兰妮遭遇街头抢劫之后，她与马龙第一次发生性关系之前，弗兰妮又一次问侦探马龙：“那个女孩是怎样被人杀害的呢?”

马龙和弗兰妮之间的暧昧可以说紧随这一问题，并且和谈论连环杀手的谋杀和女性的身体碎片相关联。为了增加这一悬念——内在于“女性杀手”这个人物，其权力体制正好徘徊在“谋杀一个女人”和“唤醒一个女人”之间——电影版本给出了一个更加含混的侦探形象，对观众来说，这个人有可能就是杀手。[23]影片快要结束时，观众被再次拉入叙事的电影空间，马龙只是其中之一。

从他们初次相遇，单词“肢解”就回响在二人之间。“肢解，准确地讲，是什么意思?”弗兰妮问道。马龙竭力让她平静，解释说：“他一直在试图切开女性的身体。”用同样的口气，他继续说：“让我看看劫犯是怎么抓住你的。”马龙拍了一下弗兰妮，重新表现劫犯的攻击动作。他像劫犯一样从身后抓住她。他们身体的细节被呈现出来。

电影的另一处犯罪现场，出现了另一具被肢解的女性身体，
这时马龙接到了弗兰妮打过来的电话。肢解和情色主义再一次
173 结合。马龙解释道：“另一个女孩被杀了。”弗兰妮问道：“发生
了什么？”马龙回答：“她被切开了。我们没有找到她的头。媒
体到处都是。”马龙迅速转换话题，对弗兰妮说：“你愿意为我
做些什么，对吗？”接着就给了对方一些指令使她感到一阵快
感。犯罪现场的红灯此时被切断，镜头对准遵从马龙指令的弗
兰妮。

接下来的犯罪场景以一种更为侵略性的方式进入了弗兰妮的隐秘故事。摄影机爱抚着弗兰妮的身体，然后场景被切换，弗兰妮发现了妹妹宝琳的身体碎块。警局中的弗兰妮急于了解妹妹的被杀方式，而她一直怀疑的杀手马龙却对她解释说：

> 这家伙一定认识她。他可能是在卧室勒住她，一直到她失去意识，然后将她拖到了卫生间，割断她的喉管，割开气管、颈静脉、会咽部、舌骨、舌头，他揪住她的头发到处乱割。这家伙喜欢血。当他割到颈椎那里，需要一把更大的刀来切开颈椎，他竟然真有一把这样的刀。离开前他拉开了水槽的下水道，没有留下任何能帮到我们的线索。吓人！这个家伙竟然知

道下水道。[24]

马龙挑衅似的语言影响到了弗兰妮。当她将信将疑地询问马龙，宝琳被杀害时，他在哪里，马龙回应说："在工作。"马龙谈论犯罪的本领反倒让她更加怀疑马龙就是凶手。她不再接马龙的话茬，逼问他说："是你杀了她?"马龙没有作答，让他的女同事送弗兰妮回家，并愤慨地表达了他受到了侮辱。

最能说明马龙和弗兰妮关系的一幕发生在专著小说的最后一章，题目为"弗兰妮占了上风"。弗兰妮将侦探铐在公寓的管道上，把马龙的身体当作了玩具，并开始自我陶醉。这个场景电影忠实遵循了小说的原文。弗兰妮也在她自己打开的刀口处。
摄影机用一只敏感的眼睛跟踪着这一切，偶尔稍稍离开焦点，174
似乎摄影机跟得太近拍不清楚具体场景一样，两个人都被摄影机展现得支离破碎。

激活女性的凝视

正如简·坎皮恩的其他影像故事和文学改编一样，比如《天使与我同桌》《钢琴课》和《淑女本色》，《裸体切割》通过围绕女性世界的体验和视角，强调了为男性的凝视所展开的浪漫的女性神话。[25]弗兰妮的个人神话在电影刚开始时，以一连串黑白的梦境被间断式地提及，曾是一名优雅的滑冰运动员的弗兰妮的父亲，如何跪在冰面上向弗兰妮的母亲求婚，给了她母亲一枚熠熠发光的订婚戒指。问题是，父亲当年正与女友滑冰，在冰场上第一次看到弗兰妮的母亲后，便冲动地向她求婚。为了抓住这一见钟情的爱情，父亲牺牲了与前女友的关系，伤害了一个爱他的女人。浪漫神话的实现是以他人巨大的痛苦为代价的。这个隐喻与电影《裸体切割》的故事并非毫无关系。浪漫主义和性都被表现成了与谋杀和悲剧有着内在的联系。

父亲的求婚以及与前女友的分手都发生在冰面上，这是一个洁白、坚硬且没有任何摩擦力的平面，直到冰鞋将它们的重量雕刻成冰面上的曲线。这样的铭文，在影片中被嘈杂而又挑衅似的呈现出来。我们似乎听到了冰鞋切进冰面的声音。正是在冰面上的“刀口”处，神话也逐渐被揭示出来。正如坎皮恩在导演评语中的讲述，弗兰妮被困在一个将其父母的罗曼史变得荣光的悖论中，这个荣光不仅从他人的绝望中散发出来，与另一个人的绝望也发生了内在联系。电影演到后面时，弗兰妮妹妹宝琳的命运准确地站在这个传统之中。父亲后来离开了弗兰妮的母亲，与另一个女人在一起了，他们没有结婚，却生下了妹妹宝琳。正如弗兰妮与妹妹的一次谈话所说，这种绝望直接害死了弗兰妮的母亲。

与电影《切肤》中埃斯特的反心理主义不同，弗兰妮还是间接地提出了许多可能的解释，说明了她心理上的不稳定以及最终作为一个女人的悲剧。宝琳死后，弗兰妮还在警局时，就向马龙讲述了一个她所经历的至关重要的故事：“我 13 岁时，父亲把我一个人丢在了日内瓦。他被一个电话叫走，去了华盛

顿 5 天。他后来说，他从没有想过我一个人在日内瓦会有什么 175
不妥。宝琳后来对我说，是我没有利用好这个机会，我本来应该订购 100 盒巧克力，再堆一个雪人。”[26]尽管在电影的另一处，坎皮恩削减了浪漫的神话，却依然引起共鸣，那是弗兰妮和她心智有点混乱的前男友约翰·格莱姆（John Graham）之间的对话，格莱姆问她：“我是不是曾告诉过你，我母亲过去常常用女孩子的衣服打扮我？”格莱姆所有的困境和疯狂，都应该由母亲负责，是他的母亲让他变得异于常人。

电影的最后片段可看作是弗兰妮女性悲剧的一个寓言。弗兰妮此时已打败了“怪兽”（真正的凶手侦探罗德里格兹），从灯塔处往回走。当她走近曼哈顿下城区时，摄影机从她自己家公寓的位置望向她。她穿过开满白色花朵的庭院，径直走进公寓，躺在被铐着手铐的马龙身边。门砰的一声关上了。这些片段很容易让人联想到影片开头时曼哈顿下城区的那些意象。宝琳正穿过同样的开满鲜花的庭院去看望姐姐弗兰妮的意象与此时的意象叠加在了一起。在坎皮恩看来，这些影片开始的片段有着特殊的意义：

> 整部电影确实是在一个坚果壳里，电影谈论的这个女孩子看上去非常迷茫。缤纷的花瓣，是她们小小的曼哈顿花园中一个美好的超验时刻。弗兰妮望着窗外，凋落的白色花瓣成了漫天的飞雪。一切都是一系列的错误身份。我们以为自己已经看到了某物，接着却又发现我们什么也没看见。大多数人的认知都是错

> 误的，大部分时间内也都是错误的。每个人都处于一个隐秘的梦境与神话中。弗兰妮试图放飞自我的梦是她从母亲那里继承过来的。这是自母亲童年时期就有的浪漫神话。这个罗曼史一直在吸引着弗兰妮，另外，恰是由于父亲对母亲的背叛，她又见证了母亲的死亡。[27]

坎皮恩的影像叙事把观众带入了一个罗曼史的神话国度。在这个国度里，对“大团圆结局”的欲望，被提前设想并无处不在：神话中的父亲娶了他梦中的女人（弗兰妮的母亲），和她有一个孩子，发誓白首不离，直到死亡将他们分开。然而，在坎皮恩的电影中，刀口本身却叠加在神话之上。悖论的是，弗兰妮和马龙的罗曼史由于刀口才被激活，又在刀口处和神话的干扰和伤害中逐渐得到演绎。换句话讲，神话只有在刀口的深
176 渊般的基础上才得以确立，且这个神话经常遭遇自身毁坏的威胁。尽管两者相互排斥——罗曼史神秘的整体性和它在刀口处的消解，但女性主体性的命运总是意欲获得它们。如果意识中的本我被吸引到罗曼史的整体性那里去，那么，罗曼史在刀口处的消解就成了无意识和性欲望的王国。不过就电影《切肤》来说，这个神话从未被激活。我们并不清楚埃斯特自残的原因。两者的相同之处在于，埃斯特几乎找不到其他方式来获取女性气质，只有将刀口对准女性——她自己的身体。

“我们以为我们看到了什么，却发现我们什么也没看到。”坎皮恩这句话的意思正被美丽地调整，以求适应破碎的家庭幸

福的神话。她描述的人物已被扔进他们自己的世界中。正如弗兰妮的梦境揭示的那样，她们虽然了解过去的事情，却沿着一条被标记着偶然性的小径前行。弗兰妮从她热情收集的语言诗歌的世界里寻找线索，从中寻找意义和确定性。然而，她获得的无非是偶发性。她沿着酒吧的台阶走着，却见证了受害者和杀手的鱼水之欢。她以为她看到的是马龙手臂上的文身，最后却发现这个文身在罗德里格兹侦探的手臂上。换言之，切割还可被解读为一种阉割，阉割在哲学上被认为是对偶发性事件的接受。被阉割的母亲给了弗兰妮生命，让她暴露在自我存在的激进的偶然性中。《裸体切割》的结尾神秘地响起了一首歌曲，是对杰伦·利文斯顿（Jay Livingston）和雷·伊文思（Ray Evans）编写的歌曲《世事难料》（*Que Sera Sera*）的重新组合：

> 当我长大开始恋爱，我问心上人前路如何。日子会不会越来越好，彩虹是否升起在雨后？心上人这样说："世事难料，顺其自然，一切都不必强求。"未来我们并不得知。世事难料，顺其自然，一切都不必强求。他们总问妈妈将来的他们会怎样？会不会美丽？会不会富有？我对他们温柔地说："世事难料，顺其自然，一切都不必强求。"未来我们并不得知。世事难料。[28]

在两部故事片中，女性的身体都没有保持完整性。在《切肤》中，埃斯特忍不住割伤自己；她将女性身体的符号移植进自己皮肤的碎片里。确实，“在刀口处”（dans ma peau）这个短语，明显在游戏般地甚至讽刺性地扭曲了其常见的意思（如“我感觉很好”，“Je suis bien dans ma peau”/“I feel all right”），成了表达暴力、女性气质和性之间复杂关系的用语。然而，正如德·劳拉提斯所说，这些电影中的女性主体已经不再是仅仅针
177 对女性气质的欲望。相反，在两部影片中，女性气质却被用来谈论一种立场，一种局限于美妆的凝视之中的立场。除了这一立场，并不存在所谓的外部，只有皮肤的“内部”或刀口。我们正在被一种碎片化构成的女性气质的现状所表征。根本不存在完整的女性身体：从来就不曾存在过。在这些象征和艺术影片中，女性气质不得不以血淋淋的碎片来叙述和视觉化地呈现，从而试图强调一种女性气质外部凝视的不可能性。

作为共同创造者的观众

根据弗洛伊德的概念，所谓症状，指的是一种愿望实现的形式，埃斯特和弗兰妮都通过戏谑她们与自身碎片化的身体意象的激进关系，来实现她们对女性气质的欲望。这两个人物表明了一个问题：女性的主体性在一定程度上经常只是他人的主体性，尽管表现方式有所差异。就埃斯特而言，这是一种将所有“身体卡片”都放到餐桌上的欲望：“这是我的身体，但又不完全是我的。实际上，这身体可能是你的，但我决定收回它，

即使这意味着将它支离破碎并吞噬”。对于弗兰妮来说，这种欲望更多是无意识的。她被置于神秘行为的王国之中，这一领域不是内在的而是通过文化和她的家庭史被人了解和想当然的。就弗兰妮而言，作为一个被他人追求的女人，意味着要冒着被人切割的危险。与埃斯特突然迸发的自残念头相似，在语言或现实中与被切割的女性躯体遭遇的瞬间（激发欲望的单词竟然是“肢解”/“disarticulation”），弗兰妮竟然被自己的性冲动所控制；同时，一种被分割化的女性气质的建构，使弗兰妮对侦探马龙充满了欲望，虽然她怀疑马龙是杀手，但也正是基于她对他身为杀手的怀疑，让她对马龙充满了欲望。弗兰妮对女性身体的视觉认识总是将性与危险结合起来。她无意识中的欲望就是被切割，虽然她也注意到了这个欲望结构中的内在悖论：“那两个坐在我对面长椅上的姑娘手拉着手，一边抽烟一边争论，仅是在夜里锁紧公寓的大门，她们无法保持身体的完整。”[29]正如她对妹妹宝琳的解释，这个世界几乎无法保护女性的身体不被切成碎片，危险一直弥漫在她们的身体和女性气质之中。

就其字面意思讲，埃斯特的身体带有一种女性的、被切割的身份的两难处境。她和众多女性艺术家和表演者一样，分享了一种展现自己身体脆弱性的欲望。从 20 世纪 60 年代和 20 世纪 70 年代的行为主义身体艺术表演开始，这些女性艺术家和表演者一直都在寻找女性身体的自我空间——一个既不通过阉割 178
的匮乏也不通过菲勒斯权利的模仿就能定义自身的空间。[30]

奥地利表演艺术家埃尔克·克里斯特菲克（Elke Krystufek）——众多女性身体表演艺术家其中的一位，包括 20 世纪

70年代和20世纪90年代卑贱（Abject）艺术运动中的吉娜·潘恩（Gena Pane）、小野洋子（Yoko Ono）、瓦莉·艾斯波尔（Valie Export）、奥兰（Orlan）和辛迪·雪曼（Cindy Sherman）等，就表达过被切割的主体性与女性气质的表征陷阱这一两难困境。埃尔克在她的一幅主题为切割自残的拼贴艺术上写道："切割的行为既不是用来表现自杀，也不是用来暗示自我毁灭的欲望，其本身就是一种激进的尝试，试图重获对现实的把握，或者（同一现象的另一方面）将自我坚实地置于身体的现实，试图对抗自我被感知为从不存在这一无法忍受的焦虑。"[31]

正如影片《切肤》的最后片段，埃斯特看着旅馆房间里镜中的自己，克里斯特菲克也经常借助镜子从外面观看自己。在克里斯特菲克的作品里，被虐待的女性身体展示了一种滥用。正如杰奎琳·罗斯、特瑞莎·德·劳拉提斯和其他很多学者指出的那样，为了避免女性表征主义者固有范式的陷阱，"女性主体性的艺术处理必须注入大量的反讽、讽刺和距离。克里斯特菲克的拼贴，恰当地说，应该称之为去拼贴，而刚好实现了这些"[32]。在克里斯特菲克的拼贴艺术中，性别差异和观众位置，诸如展出和观察、偷窥和表现中的转变差异，随着艺术家表演为受害者/行凶者，虐待者/受虐者的同时，也得到了解构。皮特·高森（Peter Gorsen）把克里斯特菲克之所以能在其他女性主义艺术家中为女性表征创造一个新的空间做了理论上的升华："只有当女性主义回顾传统的性别关系时，在污秽和卑贱的身体展示中才能让女性有可能从客体和受害者的地位转变为一种果断的攻击和积极的自我防护。"[33]

埃斯特的自残并没有背离克里斯特菲克自我防护的观点。克里斯特菲克就“自我致使的疼痛”这一问题做了注释：“我不认为自己是一个受虐狂。我把我的作品看作一种摆脱受虐的尝试。”[34]

埃斯特的自残表演是与她的眼睛被反射的镜子一分为二的 179
意象一起开始的。女性表征的复杂性、女性主体的身体和其周围环境的一致性以及电影观众视觉的暴力，尽在考察和谴责之中。

运用雅克·拉康的术语，《切肤》中的埃斯特与象征世界的我（*je*）认同，他者看到我之时，也正是我认同自己的开端。主体要在他者凝视的帮助下，其破碎的身体体验才可能一起被看作整体和“被缝合”之处，才能建立自我。

拉康的表述正如威廉姆·埃金顿（William Egginton）所写 181
的那样：

> 再造了客厅的把戏兼光学实验，其中，观察者能在一面镜子中看到一个插花的花瓶，但此处，这样一个物体，至少是被安排好的这个物体，事实上并不存在。在观察者的身体这一侧，实际上另有他物：一个后侧被打开的盒子，里面倒悬了一个花瓶。在这个盒子后面，大约就是观察者站立的位置，放置了一面凹面镜。花瓶的前面，在观察者视线的水平线处，有一面平面镜。如果观察者恰好处于从凹面镜散射的光区内，且这些光线又聚合在他的视觉纹状区里，那么，

他就会看到平面镜子上映射的一个虚拟的花瓶。里面有一束同样虚拟的花束。这个场景是拉康用来说明理想自我构成的隐喻。这个意象（花瓶）实现了它在虚拟世界的连贯性，而这就是拉康称之为他者的空间。他者看到我们的地方，也正是我们看到被他者所看到的我们自己的地方。[35]

就其最简洁的形式，能将玛丽娜·德·范和简·坎皮恩的影片与克里斯特菲克的艺术统摄起来，可被看成一种望向盒子内的景象，这是一种早于身体成为整体的逆向切片并且能够看到身体自我认知不连贯性的凝视。既然这种女性身体和身份上的缝合具有权力性，那么，为女性艺术家激活的女性的凝视，便能产生暴力和一种令人不安的表征。与大多数媒体产品不同，她们的作品揭示了美妆的凝视所传播的这一浪漫神话的软肋。

我们讨论过的电视整容真人秀格式中，在漫长的三个月内，无论是外科整形、心理调节，还是饮食调整的中途，选手都不得看到镜子里自己的影像。然而，观众却可以从外科手术的图式描述、亲密的私人访谈、一直到抓拍到的数码镜头，全方位地观看整个整容过程。观众不仅占据了摄影者的位置，也变成了福克斯真人秀节目的制作人。在节目的最后场景中，当参赛者允许看镜子时，观众甚至“帮助”她们找到了新的身体形象。也就是说，摄影机和观众的凝视，此时一起推倒了第四面墙。观众直接占据了他者的位置，成了选手破碎的身份被突然而彻底地缝合在一起的那个银幕。

正如丽萨·迪克森（Lisa Dickson）在分析塔西姆·辛（Tarsem Singh）的影片《入侵脑细胞》（*The Cell*）中所注意到的那样，一名观众兼见证者对银幕上暴力行为入侵式的凝视展开了一系列的问题。[36]在这种情况下，观众的“身体和思想，被凝视粗暴地打开”。她继续指出，作为结果，观众对这种景观的接受便在对立的两极之间波动，如“艺术/科学、美丽/怪异、 182
同情/厌恶、邪恶/疾病、生/死、主体/客体、自我/他者”[37]。同样，在节目《白天鹅》中，选手们的身份被用作了观众消费性的凝视得以展出，而这些观众也正被迪克森提出的边界区域撕裂。“新的自我”是“一队专家”艺术介入后的结果，他们根据所谓的“科学知识”，曾建议每一个女性都可以有一次整容。观众经常不能决定应该将这个“新的自我”看作美丽还是怪异，是对其同情还是厌恶。这些在台上参赛的女性，到底是由于天真所致还是因为身体异形紊乱所引起？因此，迪克森对电影《入侵脑细胞》的分析结论同样适用于对节目《白天鹅》的解释：“入侵式凝视把这些类属置于一种流动的、解构的和富有挑战的疆域之中，这些疆域正是身份赖以确立的基础，并由此产生和保持了社会权力。”[38]也就是说，节目的策略性意图——揭秘，一定要在家人关爱的注视之下，并在专家团队给予自信的拥抱之中——就是为了尽可能迅速和肯定地解决这种凝视带来的令人不安的观点。我们不仅为选手所经受的这一改变其本身耸人听闻的特点感到极度兴奋，而且也迅速接受了这一事实：这个新的自我确实是他们很久以来一直寻找的那个曾经的、熟悉的、真正的自我。

在电视观众和《白天鹅》中的那些“刀口下的女性”之间，在电影观众与影片《切肤》和《缝合处》中的行为案例之间，存在着一个至关重要且具有差异的合约。在所有这些表征之中，女性都进行了自我诱导的折磨，并且两种观众都预设了一个被建构了的以及被字面意义雕塑了的女性身份。但是，尽管埃斯特的身份特征和自残实践中一个新的身体形象的建构依然是个问题，节目《白天鹅》却将观众变成了选手新的自我的共同创造者。当选手站在镜子前去“发现”她们整容后的样子，她们会问，“这真的是我吗?”她们的问题通常都会得到观众肯定的回答，毕竟观众的凝视在于帮助选手获得一种新的身份。将观众变成一面积极重塑女性身份的互动的镜子，这种逾规或改变在大多数知识分子心里充斥着恶心、厌恶，或者说一种暗恐感。

将观看者置于受虐的凝视之下，坎皮恩、德·范和克里斯特菲克都指向了同一个问题：女性身体之上意义的镌刻，身体表征的陷阱和身体对他者凝视的依赖。不过，这两位女性还逗
183 留在她们考察的边界阈限之上，拒绝把观众的位置体制化到它的缝合功能之中，而整容节目《白天鹅》和参赛的选手们却完全建基于对凝视的篡夺而形成的一种女性气质。《白天鹅》就是一部被缝合了的女性气质的浪漫神话，而在坎皮恩的电影中这个神话却正在被“肢解”。这种电视真人秀节目的景观，其粗糙的原始创世纪开端，在于如何将女性的身体拼装并符合神话。《白天鹅》中被激活的凝视，除了知道晚期资本主义同质化的语言之外，其他语言一概不知。根本不存在任何被允许的差异标

记，比如种族特点、母亲身份或者性取向的差异。这种“同一性经济”只考虑美国中产阶级正常状态的标记，比如洁白的牙齿，小而对称的高加索人的鼻子。

选手站在镜子前的问题（“这真的是我吗？”），现在可以这样回答：“是的，这就是真的你！是你一直渴望成为的那个你。”在节目《白天鹅》中，选手们的“真的你”，是一个他们最初的“自我”被切分又被缝合起来的版本。从女性主义观点来看，《白天鹅》只不过是内在于女性主体性和性的表征这一问题的最庸俗化和大众化的版本。这些“白天鹅们”并没有处于凝视的领域之外，她们是为电视真人秀观众摄影的眼睛而存在的。然而，不同于影片《切肤》和《裸体切割》中的电影人物，这些女人是有意识地签订合同，将她们的身体赋予女性悲剧的公开展演之中。而《白天鹅》中的选手，则是由于她们在美国市场的社会价值而被选出的。尽管德·范、坎皮恩和克里斯特菲克为“女性身体展示”这一问题的错综复杂提供了颇为精妙的观点，但这些“白天鹅们”已经给出了答案——作为疗愈之美。

结　语

从男性的凝视到美妆的凝视

正如笔者全书所示，现代的整容文化，就是关于梅雷迪斯·琼斯所谓的“持续进行的变化和劳动的展示”[1]。它需要一个自愿且能干的人，将脑海中的一幅幅画面转化成现实。如此一来，18世纪相面术天然内在的“美与善”就得到了一个更具工具性文化的补选：美，依然是善的最佳标记，但现在的情况是，必须付诸你的努力。换言之，美容外科手术一直在米歇尔·福柯所说的“自我的技术”这一领域中，也即一种关怀自身之中，[2]并占据着重要的位置，但这一切要在美容的凝视的帮助下才能完成。美妆的凝视不是世界上一种崭新存在和观看方式。不同的技术为美妆的凝视传达了新的可能性，也允许这种新的可能性去解构身体如何被感知和存在的方式。现代整容文化的创新之处在于加速了身体作为屏幕的观看和分析技术。这些身体屏幕是一个重塑自我的接受者兼制造者，努力借助侵入性与非侵入性的整容手段，来完成对其本身一个改善了的版本的精心“雕琢”。在这个过程中发挥作用的凝视，具有循环性。

凝视，观察身体本身，并从内向外投射，但也利用了文化“雕琢”和兜售“理想”的身体意象。这种投射到其身体屏幕上的自我，既非过去的自我，也非将来的自我，而是一种“被认为本应该”的自我。伴随投射出现的，是一种指令，是看到某种必须被发现的新事物的指令。因此，自我所投射的，实际上是一种变化和改良的欲望。

现代的整容文化，继承了约翰·卡茨帕尔·拉瓦特尔的相面术倾向，以及激起优生学热情的自我改善伦理。如今这种伦理仍旧存在，即使那种优生学主义者集中营里的恐惧已经公开将这种伦理与种族主义者和大屠杀政治割裂开来。虽然美妆的凝视一度是以种族清洗的政治面目来表达自己，但这种凝视现在已经借助技术的重新包装，变成了一种社会认可的对自我的关怀。

这一变化并不是没有引起文化的关注。技术给予了物化身体各种再想象和重新修补的可能性，而这种可能性已经被整合进了我们对美的理想之中。但是，审美和情色的冲动又不断让美消退，并将艺术的凝视转向美妆的凝视中的暴力，并通过文学、艺术和影视持续挖掘美的阴暗面。像任何一种视觉媒介一样，电影艺术从来就不会对美妆的凝视有所免疫。但是，承认美妆的凝视的可操作性，无疑又揭示了电影艺术的另一潜能——强调与已被称作男性的凝视平行的潜能。男性的凝视，通过将女性的身体以一种整体性的、被完成的和理想化的社团主义幻想而将女性身体总体化，从而将女性的身体客体化。女性身体的传统表征中的男性凝视，也因此遮蔽了美妆的凝视中的暴力。这种内在于美容/化妆（*kosmein*）这一行为中的暴力已经在女性主义影片《切肤》中被深受暴力破坏与干扰的女作家揭示了出来。[3]这些暴力意象通过揭示美妆的凝视之中的痉挛美，消解了浪漫神话这一美妆的凝视本来的特点。

注 释

导 论

1. 正如接下来的章节表明的那样，本书更多的是技术批评而非文化—理论或者政治批评，从这个方面来说，本书实际上是对梅雷迪斯·琼斯所做的重要贡献的一种补充。

第一章

本章分析的所有图片，源自约翰·霍普金斯大学的专门收藏的谢里丹图书馆。裱褙在硬纸板上的280幅钢笔画，部分是拉瓦特尔特意为他的《相面术文集》所作的原画（参见 *Physiognomische Fragmente, zur Beförderung der Menschenkenntnis und Menschenliebe*, Leipzeg: Weidmanns Ergen und Reich, 1775—1778）。每一幅画都标有从1775年至1777年间的某一日期，上面有拉瓦特尔书写的描述语。除非特殊说明，所有画作的这些德文版说明文字，均为伯娜德·维根斯坦（Bernadette Wagenstein）和娜拉·拉克（Nora Ruck）所译。

1. Plato, *Phadedrus*, Trans. B. Jowett, <http://www9.georgetown.edu/faculty/jod/texts/phaedruts.html>, last accessed July 21, 2011.

2. 此处笔者依照的是卡佳·西尔曼对雅克·拉康《精神分析学的四个基本概念》的阐释，参见 Kaja Silverman, *The Threshold of the Visible World*(London: Routledge, 1996), 133.

3. Silverman, *The Threshold of the Visible World*, 135.

4. 此处拉康的观念继续起作用：凝视是基本的对象小 a 之一——实在界的一个补充部分。我感觉它在看我，欲望占据它的位置，它标志着我怎样看我自己和我想被他人怎样看到之间存在的分裂。用拉康的话来说，“在视觉关系中，幻觉依赖于对象，并从这个幻觉处主体得以被悬置在一个基本的摆动中，这就是凝视。”参见 Jacques Lacan, *The Four Fundamental Concepts of Psychoanalysis*, ed. Jacques-Alain Miller, Trans.
185 Alan Sheridan (New York: Norton, 1977), 83.

5.《白天鹅》, DVD 总集, 2004—2006, 加兰娱乐, 由 Xenon Pictures, Santa Monica, CA 发布。

6. 这也为 21 世纪电视整容业一直宣传的“完美身体”的形象打下了基础，本书的第三章会详细分析这一点。

7. Norbert Elias, *The Society of Individuals* (Oxford: Blackwell, 1991).

8. Bernadette Wegenstein, *Getting under the Skin: Body and Media Theory* (Cambridge: MIT Press, 2006), 4.

9. Michel Foucault, *The Birth of the Clinic: An Archeology of Medical Perception*, trans. A. M. Sheridan Smith (New York: Vintage Books, 1973), xii (originally published in 1963).

10. Barbara Duden, *The Woman beneath the Skin: A Doctor's Patients in Eighteenth-Century German*, trans. Thomas Dunlap (Cambridge: Harvard University Press, 1991), 3.

11. 同上, 4.

12. Carsten Zelle, "Soul Semiology: On Lavater's Physiognomic Princi-

ples," in *The Faces of Physiognomy: Interdisciplinary Approaches to Johann Caspar Lavater*, ed. Ellis Shookoman (Columbia, SC: Camden House, 1933), 44.

13. Patrizia Magli, "The Face and the Soul," in *Fragments of the History of the Human Body*, part 2, ed. Michel Feher (New York: Zone, 1989), 89.

14. 同上。

15. Plato, "The Republic" 402d, in *Plato: Complete Works*, ed. John M. Cooper, associate ed. D. S. Hutchinson (Indianapolis: Hackett, 1977), 1039.

16. 这个术语并非为柏拉图所创。自荷马开始，"善"（agathoi）的观念已经流传开来。雅典社会中，"善"指的是最有德行、受过良好教育、国王之下最适合统治的（天生和后天习得的技巧）人，也是高于普通民众（demos）的一个群体（aristoi）。贵族阶层在6、7世纪时被专制阶层取代，沦为了普通民众的一部分。到了发展的后期，"高贵"和"最好"开始被标记为"善"（agathoi）与"美"（kaloi）。根据朱利叶斯·朱斯内的观点，"善"和"美"并列后指的是新兴的贵族社会阶层，出身、财富和德行的后天拥有都可使一个人获得贵族身份。因此，构成这一阶层的人群从骑士到普通公民，类型很多。参见 Julius Jüthner, "Kalogathis," in *Charisteria. Alois Rzach zum achtzigsten Geburtstag dargebracht* (Reichenberg: Verlag von Gebrüder stiepel, 1930), 114-115.

17. 参见 *Liddle and Scott's Greek-English Dictionary* (New York: Oxford University Press), 1961. 其中，"Kalokagatheia"一词指的是"高贵和善行"，而"Kaloi kagathoi"的本义为"完美的绅士"，另一含义为"道德意义上的性格完美"。

18. 这个合成词只在虚构的《定义》（*Definitions*）一书中使用。柏拉图提到的只是"贵族"（*Kaloi kagathoi*）或间接提到这个概念。

19. Robert E. Norton, "The Eighteenth Century and the Hellenic Ideal of

Kalokagatheia," *The Beautiful Soul*: *Aesthetic Morality in the Eighteenth Century* (Ithaca: Cornell University Press, 1995), 100–136.

20. 用朱斯内的话说，应该是一个“高贵的人”（*Edelmensch*）。参见 Jüthner, "Kalogathia," 115.

21. Norton, "The Eighteenth Century and the Hellenic Ideal of *Kalokagatheia*," 122.

22. 参见 Jüthner, "Kalogathia," 103，指的是色诺芬的《会饮篇》(*Symposion*)，H. G. Dakyns 译，参见 < http://www. fordham. edu/halsall/ancient/xenophon-sym. html. >last accessed July 21, 2011.

23. Xenophon, *Memorabilia*, 3. 10. 8, trans. H. G. Dakyns, 参见 < http://www. classicreader. com. book/1792/27>, last accessed July 21, 2011.

24. Aristotle, *Metaphysics*, 1078a31, trans. W. D. Ross, 参见<http://classics. mit. edu/Aristotle/metaphysics. html>, last accessed July 21, 2011.

25. Norton, "The Eighteenth Century and the Hellenic Ideal of *Kalokagatheia*," 133.

26. Jüthner, "Kalogathia," 107.

27. 术语“新柏拉图主义”的使用，明显是时代错误，毕竟这一术语出现在 19 世纪。

28. Plotinus, *The Enneads*, trans. Stephen MacKenna (New York: Larsons, 1992), 71–72.

29. Johann Gottfried Herder, "Ist die Schönheit des Körpers ein Bote von der Schönheit der Seele" (1766), in *Sämtliche Werke 1*, ed. Bernhard Suphan (Hildesheim: Georg Olms Verlad, 1877), 43.

30. 同上，56（笔者译自德语）。

31. Norton, "The Eighteenth Century and the Hellenic Ideal of *Kalokagatheia*," 101.

32. 法国启蒙哲学家伏尔泰是柏拉图最敏锐的批评家之一。

33. Norton, "The Eighteenth Century and the Hellenic Ideal of *Kalokagatheia*," 107.

34. 参见 Brucker, *Critical History of Philosophy* (1767), 转引自 Christopher S. Celenza, "The Revival of Platonic Philosophy," in *The Cambridge Companion to Renaissance Philosophy*, ed. James Hankins (Cambridge: Cambridge University Press, 2007), 93.

35. 参见 Norton, "The Eighteenth Century and the Hellenic Ideal of *Kalokagatheia*," 113. 在他关于希腊的诗歌的语境中，荷尔德林被刻画成了一个"希腊狂"："啊！但愿这是我为神圣的希腊所流的最后的眼泪！哦，命运女神，拿起你的剪刀吧，因为我的心隶属死者！"参见"Griechenland. An St.," in Friedrich Hölderlin, *Sämtliche Werke*, ed. Friedrich Beissner and Adolf Beck (Stuttgart: Cottasche Buchhandlung, 1946): 1: 180.

36. Christoph Martin Wieland, *Sämtliche Werke*, ed. by the Hamburger Stiftung zur Förderung von Wissenschaft und Kultur in Zusammenarbeit mit dem Wieland-Archiv, Biberach/Riss und Dr. Hans Radspieler, Neu-Ulm [Hamburg: Hamburger Stiftung zur Förderung von Wissenschaft Kultur (Hamburg Foundation for Science and Culture), 1984], 4: 183.

37. Joh an Kaspar Lavater, *Essays in Physiognomy Designed to Promote the Knowledge and Love of Mankind*, vol. 1, ed. Thomas Holloway, trans. Henry Hunter (London: Murray and Highley, 1789), 135. 这是"关于道德美与身体美的和谐"的第16个片段，是从德语的片段9翻译过来的。

38. 拉瓦特尔援引古典修辞来支持自己的观点，他引用了昆体良的《雄辩术原理》(参见 Book XI. 3.72, in Quintilian's *Institutio Oratoria*, trans. Christopher Celenza)："脸孔是头部最主要的部分。正是通过脸孔我们才会辨别出顺从、威胁、富有魅力、悲伤、滑稽、高傲和谦卑等不同的性格……甚至我们开口之前，通过脸孔就能表达我们对某事物的爱或恨，也通过脸孔的长相借以理解很多事物。经常就已足够，脸孔相当于我们可能用到的全部词汇。”转引自 Johann Kaspar Lavater，“Von der Harmonie der moralischen und Körperlichen Schönheit”（fragment），*Physiognomische Fragmente zur Beförderung der Menschenkenntnis und Menschenliebe*（Leipzig：Weldmanns Ergen und Reich，1775—1778），59.

39. 德语最先使用这些动词“verekeln”（让某事看起来恶心的）；“verschlimmern”（使恶化）；“verschönern”（使美化）。

40. Johann Kaspar Lavater，*Essays on Physiognomy for the Promotion of the Knowledge and the Love of Mankind*，trans. Thomas Holcroft，4 vols.（London：C. Wittingham，1804），1：147-148.

41. 吉尔曼用“存在的伟大链条”来指 19 世纪图像学中黑白种族间的内在区别：“在这个关于人类的观点中，人的天平之上，黑人与白人分别占据着两端的位置。这种多成因的观点被应用到谈论人类的多个方面，其中包括一个人的性向和美。”参见 Saner L . Gilman，“Black Bodies，White Bodies：Toward an Iconography of Female Sexuality in Late Nineteenth-Century Art，Medicine，and Literature，” *Critical Inquiry* 12. 1（1985）：212.

42. Lavater，*Essays*，2：7.

43. 同上，12.

44. Lavater，*Essays*，1：7ff.

45. Lavater，1：xiv.

46. Lavater，*Essays*，4：131.

47. Lavater，*Essays on Physiognomy* 2：22.

48. 同上，28.

49. 约翰斯·霍普金斯大学专属收藏的谢里丹图书馆。

50. Lavater，*Essays*，3：198.

51. 19世纪早期的抗梅毒运动，只是公共医疗话语在这种平行类型中抽取的诸多案例之一。比如法国的“血液里的敌人”运动，就专门讲述了一个诱惑的女性的故事，可能是一个妓女，其外貌被画面下面的说明文字妖魔化：“一个外表看来漂亮的女人，身上一定流淌着一种糟糕的血，这种血可能会传播致命的疾病——梅毒。”

52. Plotinus, *Enneads*, 1. 6. 5.

53. Lavater, *Essays*, 3：202.

54. 详细讨论妖魔及其历史的内容，可参见本书第二章。

55. Lavater, *Essays*, 3：208.

56. 拉瓦特尔的反启蒙情绪，以对“我是”理性主义的敌意而闻名，他似乎曾经用这张肖像和描述来发泄他的憎恶情绪。

57. Lavater, *Essays*, 3：77-78.

58. Lavater, *Essays*, 2：209.

59. Lavater, *Essays*, 2：185. 漂亮的拉瓦特尔式鼻子，不是很小巧，但长而突出，且在面孔上的位置非常对称。

60. 比如，可参考约公元前2世纪西拉子耶稣的言语：“妇女的邪恶，改变了她的容颜，让她的容貌变得如熊一般黧黑……一个坏婆娘，是个桎梏；抓住她，如同抓蝎子一般。”参见《德训书》或《便西拉智训》，25.24，源出新牛津注解本《圣经》(Oxford：Oxford University Press, 2001)，136-137.

61. Nora Ruck, "Die Schöne und das Biest. Weibliche und 'monströse' Schönheit in Physiognomik und Schöheitschirurgie," *Koryphäe. Medium fürfeministische Naturwissenschaft und Technik* 45 (2009)：40-45.

62. Lavater, *Essays*, 2：31.

63. 另一方面，就是注意力不够。在一幅名为《奇特而木呆的美貌》的肖像中，可以看到一张女性面孔，完全对称，但画中女性的凝视过于呆板，因此拉瓦特尔将她解释为木呆地盯着某处。

64. Lavater, *Essays*, 2: 43.

65. 同上，210-211.

66. 同上，209.

67. Charles Darwin, *The Descent of Man and Selection in Relation to Sex* (New York: Appleton, 1909), 568.

68. Francis Galton, *Inquiries into Human Faculty and Its Development* (London: Macmillan, 1883), 39.

69. Melissa Percival, "Introduction," in *Physiognomy in Profile: Lavater's Impact on European Culture*, ed. Melissa Percival and Graeme Tytler (Newark: University of Delaware Press, 2005), 18-20.

70. 同上，15.

71. Michel de Montaigne, *Essais*, book 3, chapter 12, "De la Physiogomie," ed. Pierre Villey, rev. Verdun L. Saulnier (Paris: Presses Universitaires de France, 1965), 1059.

72. Lucy Hartley, *Physiognomy and the Meaning of Expression in Nineteenth-Century Culture* (Cambridge: Cambridge University Press, 2001), 7.

73. Claudia Schmoelders, *Hitlers Gesicht. Eine physiognomische Biographie* (Munich: Back, 2000), 23.

74. 参见关于"异常身体：罪犯+女人=怪物"那一节内容。

75. Schmoelders, *Hiters Gesicht*, 28.

76. Marcel Proust, *Swann's Way* (New York: Penguin Books, 1984), 152 (Originally published in 1913).

77. 笔者在第二章会重新回到达尔文性别选择观和修饰的进化论价值观以及道德与审美（康德）之间的关系所产生的问题。

78. "优生学是解决所有影响某一人种改善和改良其天生特质的一

门科学。”参见 Francis Galton, “Eugenics: Its Definition, Scope and Aims,” *Nature* 70 (1904): 82.

79. Galton, *Inquires into Human Faculty*, 3-4.

80. 至于批评讨论内在于高尔顿爵士的相面术中的客观性概念，可参见 Peter Galison and Lorraine Daston, “The Image of Objectivity,” *Representations* 40 (special issue titles “Seeing Science”) (Autumn 1992): 81-128.

81. 卡贾·西尔弗曼提醒我们注意：“自从 19 世纪早期，相机已作为首要领域得到了设置，通过这个设置，西方的主体理解了凝视。”参见 Silverman, *The Threshold of the Visible World*, 135. 相机最初主要为男性摄影师所控制，也因此在历史上与“男性的凝视”一致。笔者第四章会继续回到这一论点上来。

82. 西尔弗曼将拉康的观点总结如下：“类似上帝和主人，相机表征了持续的屏幕之一，通过相机我们已经在传统上理解了屏幕。”同上，168.

83. Galton, *Inquires into Human Faculty*, 7.

84. 同上，7.

85. Francis Galton, “Composite Portraits Made by Combining Those of Many Different Persons into a Single Figure,” *Nature* 18 (1878): 97-100.

86. Galton, *Inquires into Human Faculty*, 10.

87. 同上，11.

88. Ruck, “Die Schöne und das Biest,” 40-45.

89. Galton, *Inquires into Human Faculty*, 118.

90. 同上，118.

91. Galton, “Eugenics,” 82.

92. 在高尔顿爵士时代，基因学尚处于创始阶段。大约在 1900 年，科学家们知道了基因是在染色体上传播，但基因作为 DNA 序列构成且这些序列已被编码的实际结构，要到 20 世纪 50 年代，才被科学家詹姆士·华生、弗朗西斯·克里克和莫里斯·威尔肯发现。

93. Sharrona Pearl, *About Faces: Physiognomy in Nineteenth－Century Britain* (Cambridge: Harvard University Press, 2010).

94. 感谢娜拉·鲁克，是她给了我这个副标题的灵感。

95. 正如福柯所说，"在古典时期，多个学科有了迅速的发展——大学、中学、兵营和车间；在政治实践和经济观察领域，也迅速涌现出了出生率、寿命、公共卫生、住房以及人口迁移等问题。当然这时也因此出现了许许多多各种各样的技术的爆炸，旨在实现对人身体的奴役和人口控制，这标志着一个'生命权利'时代的开始。"参见 Michel Foucault, *The History of Sexuality*, vol. 1., trans. Robert Hurley (New York: Vintage, 1990), 140.

96. Michel Foucault, *Discipline and Punish: The Birth of the Prison*, trans. Alan Sheridan (New York: Vintage, 1979), 277.

97. "Editors' Introduction," in Cesare Lombroso and Guglielmo Ferrerp. *Criminal Man*, trans. and with an introduction by Mary Gibson and Nicole Hahn Rafter (Durham: Duke University Press, 2006), 15.

98. 同上，48.

99. 有些特点与拉瓦特尔列举的身体特点很是相似，拉瓦特尔引用了"狂飙突进"运动诗人 J. M. R. 伦茨（1751—1792）的观点："在我看来，很明显全世界的犹太人都带有他们祖国东方的标记。我的意思是他们都有着黑、短而卷曲的头发，以及深棕色的肤色。他们讲话急促，行动也生硬草率，这些都源自同样的因素。"转引自 Lavater, *Physiognomische Fragmente*, 3: 98. 后来的纳粹德国的种族理论学家，对他们的特点描述也有类似。呈悖论的是，龙勃罗梭本人也是一个犹太人，他的相貌曾被纳粹著名种族理论学家金瑟（Hans. F. K. Gunther）看作具有典型的意大利犹太人的特点，受到东方和其他地域的影响。

100. Philip K. Wilson,"Eighteenth-century 'Monsters' and Nineteenth-Century 'Freaks': Reading the Maternally Marked Child," *Literature and Medicine* 21.1 (Spring 2002): 12.

101. Samuel R. Wells, *How to Read Character: A New Illustrated Handbook of Phrenology and Physiognomy for Students and Examiners with a Descriptive Chart* (Rutland, VT: Tuttle, 1971), 5 (Originally published in 1895). 在拉瓦特尔看来，前额在人体中占有非常重要的位置。在《论人体的某些部位》(*On Certain Individual Parts of the Human Body*) 一文中，拉瓦特尔赞美人的前额为"所有呈现给相面术观察的事物中最重要的部分"(164).

102. 同上，6.

103. 同上，5.

104. 同上，124-125.

105. 关于更多21世纪前后形象再现的细节，参见第三章。

106. Cesare Lombroso, Enrico Ferri, Rafaele Garofalo, and Giulio Fioretti, *Polemica in difesa della scruola criminale positiva* (Bologna: Zenichelli, 1886), 5, quoted in David G. Horn, *The Criminal Body: Lombroso and the Anatomy of Deviance* (London: Routledge, 2003), 47.

107. 人体测量学，是比较研究人体测量方法的一门学科，为比利时刑侦人类学家阿道夫·凯特勒所创立。参见 Adolphe Quetelet, *Anthropométrie, ou Mesure des différentes facultés de l'homme* (Brussles: C. Muquardt, 1871).

108. Cesare Lombroso and Guglielmo Ferrero, *Criminal Woman, the Prostitute, and the Normal Woman*, trans. and with a new introduction by Mary Gibson and Nicole Hahn Rafter (Durham: Duke University Press, 2004), 107.

109. Horn, *The Criminal Body*, 13.

110. Lombroso and Ferrero, *Criminal Woman*, 107.

111. 同上，20.

112. Horn, *The Criminal Body*, 146.

113. Lombroso and Ferrero, *Criminal Woman*, 4.

114. 同上，37.

115. 同上，35-36.

116. 同上，43.

117. 同上，76.

118. 同上，76，对达尔文来说，一切正好相反：动物世界雄性的吸引力在保证繁殖这一点上，要比雌性重要得多。因此，一旦雌性为雄性的声音或外貌吸引，性选择就有了保障。

119. 同上，例如，妇女很少邪恶，但一旦邪恶起来，她们要比男人更甚。

120. 同上，142-143.

121. 同上，77.

122. 同上，78.

123. 同上，37.

124. 同上，37.

125. Horn, *The Criminal Body*, 23.

126. Lombroso, *Criminal Man* , 202.

127. 同上，205.

128. 同上，205.

129. Alphonse Bertillon, *La photographie judiciaire*: *avec un appendice sur la classification et l' identification anthropométrique* (Paris: Gauthiers-Villars, 1890).

130. Horn, *The Criminal Body*, 23.

131. Lombroso, *Criminal Man*, 300.

132. 就这个时代的视觉媒介与相面术理论之间的联系，可参见 Martin Blankenburg, "Der Seele auf den Leib gerückt. Die Physiognomik im Streit der Fakultäten," in Gesichter der Weimarer Repbulik. Eine physiogomische Kulturgeschichte, ed. Claudia Schmoelders and Sander Gilman (Cologne: Dumont, 2000), 280–301.

133. Erna Lendvai-Dircksen, Flandern. Das Germanische Volksgesicht (Berlin: Meisenbach Riffarth, 1942), 1 (此书为笔者所译)。

134. 赫尔帕克并没有将南方人和北方人做以比较，而只是对比了南方人和德国人。

135. Willy Hellpach, "Erblehre und Rassenpflege. Der Volkische Aufbau des Antlitzes," Die medizinische Welt 8. 43 (1933): 1547.

136. 尽管 DNA 分析在当下能够做到将个体划分为某种族群，但今天大多数科学家都同意，我们今天所谓的种族，与生物学和社会学因素的一种汇合，彼此呼应。

137. Hellpach, "Erblehre und Rassenpflege," 1548.

138. 讨论这个时代的现代主义者和反现代主义者的对立（然而，两者都有对"新人"、"新的躯体"，和"新的人的形象"的欲望），参见 Paul Diehl, "Körperbilder und körpeerpraxen im Nationalsozialismus," in Körper in Nationalsozialismus. Bilder und Praxen, ed. Paula Diehl (Munich: Fink, 2006), 9–32.

139. Willy Hellpach, "Erblehre und Rassenpflege," 1549. （本文为笔者所译）（原文如下："[D] as stärkste und feinste Ausdrucksorgan des Menschen, eben sein Antlitz, ist auch ein Spiegel, der uns, Wohlbidung oder Fehlbildung der Menschenseele ablesen lässt. In ershchütterdem Grade kann ein Gesicht dem Kundigen offenbaren, dass sein Träger weder ein eugenes noch ein

euplastos ist！Zeugende Wohlartung （Eugenik） und führende Wohibildung （Euplastik） verleihen uns erst die Herrschaft über die Natur, die noch wichtiger sein wird als die sachtechinische der Maschine：die Herrschaft über die Menschennatur！”）

140. 同上。

141. Jennifer Michael Hecht, “Vacher de Lapouge and the Rise of Nazi Science,” Journal of the History of Ideas 61. 2（April 2000）：285-304.

142. 正如桑德·L. 吉尔曼在他著作的许多处都注意到了这一点——比如，在“Die Rasse ist nicht schön-Nein, wir Juden sind keine hübsche Rasse,”一文中，参见 Der Schejne Jid：Das Bild des“jüdischer körpers” in Mythos und Ritual, ed. Sander L. Gillman, Robert Jütte, and Gabriele Kohlbauer-Fritz（Vienna：Picus Verlag, 1999）——犹太人的“丑陋”，成了衡量他们“糟糕性格”的标准，这已被刻进了他们的身体。实际上，在意第绪语中，“美”指的是灵魂的性格特点之一，而不是一种身体的美。

143. 根据杰克·赛普斯的观点，奥斯卡·帕尼扎的《被操纵的犹太人》中男主角的名字是从弗里德里希·冯·霍尔斯丘的戏仿中借来的，《胡赫洛布利奇·基尼格利切巴伐利亚·朱登沙夫特的曼西帕奇人》（Die Manzipaziuhn der houchloebliche kienigliche bayrische Juedenschaft. En Edress an die houchverehrliche Herren Lanstaend, ousgestudiert von Itzig Faitel Stern, 1834）. 参见 Jack Zipes, The Operated Jew：Two Tales of Anti-Semitism, trans. with commentary by Jack Zipes（New York：Routledge, 1991）, 97.

144. 基督教西方反犹主义的观测点不仅众多而且较为复杂。《新约》声称“耶稣被犹太人所杀”（1 Thessalonians 2：14-15），但同时大部分《圣经》又被犹太人所作。19 世纪晚期犹太人作为敌人的历史，由来已久。早在公元前 3 世纪的亚历山大城，就发生过多次反犹暴动，到了中世纪早期，又发生过多起迫害犹太人的事件，1752 年的奥地利法律，甚至要求犹太人家庭只能有一个男丁做后嗣。在 19 世纪，反犹主义在各大文化区域都很活跃（比如理查德·瓦格纳从 1850 年起就创作了《音乐中的犹太性》）。在帕尼扎创作喜剧，谈及犹太人伊齐格·费特尔·斯特恩由内至外的丑陋之时，威廉·马尔（Wilhelm Marr）就已经创建了反犹联盟（1879）。50 年之后，就在 1938 年 11 月 12 日，《水晶之夜》上演后，戈培尔就宣布说“德国人是一个反犹的民族”。145. Panizza, The Operated Jew, quoted in Zipes, The Operated Jew: Two Tales of Antisemitism, 96.

146. Oscar Panizza, Prolegomena to the Contest: Improvement of our Race, in Die Gesellschaft 9 (1893): 275 – 289, quoted in Zipes, The Operated Jew: Two Tales of Anti-Semitism, 98.

147. 同上。

148. 同上，100.

149. Panizza, The Operated Jew, quoted in Zipes, The Operated Jew: Two Tales of Antisemitism, 48.

150. 同上，68.

151. 同上，105.

152. “容易生病”被解释为犹太人贫民区生活的结果，犹太贫民区被称为“一个疾病滋生和肆虐的地方”。这是法国历史学家阿纳托利·勒罗伊·比略（Anatole Leroy-Beaulieu）在那个时代广为流传的众多真理之一，转引自 Gilman, “Die Rasse is nicht Schon,” 60. 美国优生学家阿尔伯特·威格姆（Albert Wiggam）甚至担心，让犹太人进入美国国土，会使美国的人种变丑（正如他讽刺性地声明，“在美国我们想要的是丑女人”）。因此他建议，美国人只有和漂亮的人以及非犹太人结婚，才能保证有“一个生理与智力上都充斥活力的种族”。参见 Albert Wiggam,

The Fruit of the Family Tree（Indianapolis：Bobbs Merrill，1924），262-279.

153. 拉瓦特尔对肤色有不同的理解：“我发现与长有棕色眼睛的人种结合，要比与蓝色（眼睛）的人种结合，更有力量，更有男子汉气概，也更有思想”。参见 Lavater，Essays，2：171. 154. Hans F. K. Günther，“Die Blonden und Helläugigen unter den Juden，” Rassenkunde des jüdischen Volkes（Munich：Lehmanns Verlag，1930），225-239. 155. 同上，229.

156. 同上，231。金瑟（Günther）引用了著名的德国病理学家鲁道夫·魏尔啸（Rudolf Virchov，1821-1902）的观点，对一千万个学龄儿童和他们的种族遗传，进行了研究。魏尔啸是《抵制反犹主义》（Against Anti-semitism，1890）一书的作者，他在细胞分析方面的研究，对之后雅利安种族理论的发展，影响很大。

157. 金瑟将龙布罗梭的照片看作一张典型意义的犹太人长相的面孔。画作下面的描述文字写道：“意大利犹太人 C. 龙布罗梭，精神病医生，生卒年为 1856-1909，西南亚洲人，受东方和其他地域的影响”。参见 Günther，Rassenkunde，233.

158. 同上，1.

159. 同上，1.

160. Hecht，“Vaher de la Pouge and the Rise of Nazi Science，” 299ff.

161. Allgemeine，SS-ärztliche Untersuchung für Verlobungs-und Heirats-Genehmigung，document no. B 37 o 10/18. 5. 37，National Archives，Genealogies of Waffen SS Party members.

162. 正如西尔弗曼概括得那样，拉康将凝视拟人化，鼓励我们更多地将凝视想象成“具有象征意义的另一术语，或者是大他者，不要想象成一个处于想象界的竞争对手”。参见 Silverman，Threshold of the Visible World，175.

163. Willy Hellpach, Dur deuthsche Charaketer (Bonn: Athaeneum Verlag, 1954), 136.

164. 大屠杀只是20世纪和21世纪种族灭绝的一个案例。1994年，50万卢旺达图西族人被占多数的卢旺达胡图族人杀害；21世纪早期，40万苏丹达尔富尔人被苏丹政府和阿拉伯裔回教徒武装分子的军事组织联合屠杀。发生在非洲的这两起大屠杀，皆是基于种族、族裔和宗教的差异，比如达尔富尔人，他们属于非阿拉伯世系，苏丹人经常称他们为"黑人"。本书的范围，并不包括隐含在这些非洲大屠杀的种族主义根源之后的相面术原则，但在这两起案例中，相貌却的确被用来解释他者的创造，并最终遭遇大规模屠杀。

165. Schmoelder, *Hitler Gesicht*, 23.

166. 比如雅克·拉康、罗兰·巴尔特、菲利普·杜布瓦和苏珊·桑塔格。

167. Christian Metz, "Photography and Fetish," in *The Critical Image: Essays on Contemporary Photography*, ed. Carol Squiers (Seattle: Bay Press, 1990), 158.

168. Silverman, *The Threshold of the Visible*, 149.

169. Roland Barthes, *Camera Lucida: Reflections on Photography*, trans. Richard Howard (New York: Hill and Wang, 1981): 10–12.

170. 克莱格·奥文斯是这样描述一个准备被拍照的人的动作："我凝固……好像预先估计到了我打算成为的那个静止的样子；跨越身体的表面，通过摄影对肉体的塑造，来模仿照片不透明和静止的样子。"参见 Craig Owens, *Beyond Recognition: Representation, Power and Culture* (Berkeley: University of California Press, 1994), 210.

171. Susan Sontag, *On Photography* (New York: Strauss, Farrar & Giroux, 1977), 85.

172. 弗洛伊德就将这种信仰的分裂，看作了拜物教的真正特点。

173. Meredith Jones,“Media-Bodies and Screen-Births: Cosmetic Surgery Reality Television,” *Continuum: Journal of Media&Cultural Studies* 22.4 (2008): 517.

174. 至于深入讨论今天的塑形文化，可参见 Vivian Sobchack, ed., *Meta-Morphing: Visual Transformations and the Culture of the Quick-Change* (Mineapolis: University of Minnesota Press, 2000).

175. 参见 Jürgen Link, *Versuch über den Normalizmus. Wie Normalität produziert wird* (Opladen: Westdeutscher Verlag, 1997).

176. Suzanne Lipsky,“Internalized Racism,” *Black Reemergence* 2, <http://www.rc.org/publications/journals/black_reemergence/br2/br2_5_sl.html>.

177. Jennifer Fero, quoted in Barb Lee’ s documentary *Adopted*, Point Made Films, 2008. 也可参见克雷西达·赫斯关于族裔外科术作为白色皮肤隐性的永久化手段的观点。参见 Cressida J. Heyes, “All Cosmetic Surgery is ‘Ethnic’: Asian Eyelids, Feminist Indignation, and the Politics of Whiteness,” in *Cosmetic Surgery: A Feminist Primer*, ed. Cressida J. Heyes and Meredith Jones (Surrey, UK: Ashgate, 2009).

178. William Egginton, “The Best or the Worst of Our Nature: Reality TV and the Desire for Limitless Change,” *Configurations* 15.1-2 (Special issue “Reality Made Over: The Culture of Reality Makeover Shows,” ed. Bernadette Wagenstein) (2008): 177-191.

179. Silverman, *The Threshold of the Visible World*, 174.

180. Lacan, *The Four Fundamental Concepts of Psycho-Analysis*, 72.

181. Lorrain Daston and Peter Galison, *The Image of Objectivity* (New York: Zone, 2007), 117.

182. Joanna Zylinska, “Of Swan and Ugly Ducklings: Bioethics between

Humans, Animals and Machines," *Configurations* 15.1-2 (Special issue "Reality Made Over: The Culture of Reality Makeover Shows," ed. Bernadette Wagenstein) (2008): 125-150; Joanna Zylinska, *Bioethics in the Age of New Media* (Cambridge: MIT Press, 2009): 101-124.

第二章

1. Plato, *Phaedrus*, Trans. Benjamin Jowett, <http://www.classicallibrary.org/plato/dialogue/14_phaedo.htm>, last accessed July 22, 2011.

2. 同上。

3. 同上。

4. Robert E. Norton, "The Eighteenth Century and the Hellenic Ideal of *Kalokagathia*," *The Beautiful Soul: Aesthetic Morality in the Eighteenth Century* (Ithaca: Cornell University Press, 1995), 129.

5. Plato, *Phaedrus*, 250d, 转引同上, 128.

6. Plato, Symposium, trans. Benjamin Jowett, < http://classics.mit.edu/Plato/symposium.html>, last accessed July 22, 2011.

7. Plato, *Hippias*, trans. Benjamin Jowett, < http://www.ellopos.net/elpenor/greek-texts/ancient-greece/plato/plato-hippas-major.asp? pg = 9 >, last accessed July 22, 2011.

8. 同上。

9. Konrad Paul Liessmann, *Schönheit* (Vienna: Facultas UTB, 2009).

10. Konrad Paul Liessmann, "Vom Zaubre des Schönen," in *Vom Zaubre des Schönen: Reiz, Begehren und Zerstörung*, ed. Konrad Paul Liessman, Philosophicum Lech (Vienna: Paul Zsolnay Verlag, 2010), 8.

11. 参见 William Egginton, *Perversity and Ethics* (Standford: Standford University Press, 2004), chap. 2.

12. 正如伍迪·艾伦在与佩内洛普·克鲁兹合作完成他执导的影片《午夜巴塞罗那》之后发表评论说，“我不愿意直接看佩内洛普；其魅力实在令人难以抗拒。”转引自 Ingrid Sischy，“The Passions of Penelope，” *Vanity Fair*，November 2009，<http：//www. vanityfair. com/culture/features/2009/11/penelope-cruz200911>，last accessed 7/22/11.

13. “The Moon，” at <http：//www. br-online. de/br－alpha/koehlmeiers-maerchen/maerchen-michael-koehlmeier-mond-ID1209484217661. xml>.

14. Howard Bloch，*Medieval Misogyny and the Invention of Western Romantic Love*（Chicago：University of Chicago Press，1991），65－92.

15. 参见 Egginton，*Perversity and Ethics*，chap. 4.

16. Arthur C. Danto，*The Abuse of Beauty：Aesthetics and the Concept of Art*（Chicago：Open Court，2003），xiv.

17. 同上。

18. 同上，xv.

19. David Hume，“Of the Standard of Taste”（1757），<http：//www. csulb. edu/jvancamp/361r15. html>，last accessed July 22，2011.

20. Immanuel Kant，*Critique of the Aesthetic Power of Judgment*，ed. Paul Guyer，trans. Paul Guyer and Eric Matthews（Cambridge：Cambridge University Press，2000），esp87－127.

21. Danto，*The Abuse of Beauty*，15.

22. 同上，15.

23. Sharla Hutchison，“Convulsive Beauty：Images of Hysteria and Transgressive Sexuality：Claude Cahun and Djuna Barnes，” *symploke* 11. 1－2（2003）：212.

24. André Breton，*Nadja*（London：Penguin Books，1999），160.

25. André Breton，*Segundo manifiesto del surrealismo*（Madrid：Guardarrama，1969），164.

26. Breton, *Nadja*, 66–67.

27. 同上, 101.

28. 同上, 116.

29. 同上, 112–113.

30. 同上, 115–116.

31. 同上, 159–160.

32. Nathoniel Hawthorne, "The Birthmark," at<http://www.online-literature.com/hawthorn/125>.

33. Virginia Blum, *Flesh Wounds: The Culture of Cosmetic Surgery* (Berkeley: University of California Press, 2003), 94.

34. 同上, 96.

35. Hawthorne, "The Birthmark."

36. Blum, *Flesh Wounds*, 96. 布拉姆注意到达盖尔在1839年就解决了他的第一张照片冲印的难题，这比霍桑的故事要早四年。

37. 同上, 96.

38. Alice Munro, "Face," *The New Yorker*, September 8, 2008, 59–67.

39. 同上, 66.

40. 同上, 66.

41. 同上, 67.

42. Lucy Grealy, *Autobiography of a Face* (New York: Harper Perennial, 2003)(初版于1994年)。

43. 同上, 5.

44. 同上, 152.

45. 同上, 127.

46. 同上, 112.

47. 同上, 7.

48. 同上，101.

49. 同上，157.

50. 同上，175–175.

51. 同上，176.

52. 同上。

53. 同上，参见安·帕切特撰写的《后记》，232–233.

54. Jessica Queller, *Pretty is What Changes* (New York: Spiegel and Grau, 2009).

55. 同上，109.

56. 同上，113.

57. 同上，124.

58. 同上，133.

59. 同上，195.

60. 杰西卡原名蒂芙尼，正如她自己所说，她换名字的原因是对母亲的一种否认。

61. Queller, *Pretty is What Changes*, 239.

62. 选自 *New Beauty* (Winter-Spring 2010): 194.

63. Marquard Smith, "The Vulnerable Articulate: James Gillingham, Aimeee Mullins, and Matthew Barney," in *The Prosthetic Impulse: From a Posthuman Present to a Biocultural Future*, ed. Marquard Smith and Joanne Morra (Cambridge: MIT Press, 2006), 43–72, 59.

64. Lee Bul, interview with Seung-duk Kim, *art press* (Paris) 279 (May 2002): 2.

65. Rosi Braidotti, *Madri, mostri e machine* (Milano: Manifestolibri, 2005), 83.

66. Ulisse Aldrovandi, *Ulyssis Adrovandi patricii Bononiensis Monstrorum*

historia (Bologna: Typsi Nicolai Tebaldini, 1642).

67. Braidotti, *Madri, mostri e machine* , 85.

68. K. E. Olsen and L. A. J. R. Houwen, *Monsters and the Monstrous in Medieval Northwest Europe* (Leuven: Peeters, 2001).

69. 同上。

70. Barbara Duden, *The Woman beneath the Skin: A Doctor's Patients in Eighteenth-Century Germany*, trans. Thomas Dunlap (Cambridge: Harvard University Press, 1991), 4.

71. Nicolas Andry, *Orthopaedia* (英语初版的拓印本), London, 1743 (Philadelphia: Lippincott, 1961) (法文初版为: *L'orthopédie ou l'art de prévenir et de corriger dans les enfants les difformités due corps; le tout par des moyens à la portée des pères et mères et toutes les personnes qui ont des enfants à élever*, 1741).

72. 在今天的整容文化中，树并不需要被矫正，这是因为外科技术经常被作为一种方法，将一棵树恢复到其天然状态（参见第三章）。这是第一章讨论过的畸形正常化的自然延伸。这些被展示的、呆头呆脑的、令人称奇的怪物，已经被一些“出错”了的躯体所替代——这些生长“过头”了的残疾躯体，身体多了一些现在不会拥有或过去也并不会拥有的器官。

73. Nora Ruck, "Die Schöne und das Biest. Weibliche und 'monströse' Schönheit in Physiognomik und Schöheitschirurgie," *Koryphäe. Medium fürfeministische Naturwissenschaft und Technik* 45 (2009): 40-45; John Caspar Lavater, *Essays on Physiognomy for the Promotion of the Knowledge and the Love of Mankind*, trans. Thomas Holcroft, 4 vols. (London: C. Wittingham, 1804): 3: 188.

74. Philip K. Wilson, "Eighteenth-Century 'Monsters' and Nineteenth-

Century ' Freaks ' : Reading the Maternally Marked Child," *Literature and Medicine* 21. 1 (2002): 11.

75. 这种正常化是福柯的术语“生产性”的症候，用以反对“压抑性的权力”：“在我看来，18 世纪通过‘正常化纪律’所确立的似乎就是一种权力，这种权力实际上并不压抑而是一种生产性权力。”参见 Michel Foucault, *Abnormal: Lectures at the Collège de France 1974—1975* (New York: Picador, 1999), 52.

76. 参见 Lorraine Daston and Katharine Park, *Wonders and the Order of Nature 1150-1750* (New York: Zone Books, 1998), 205.

77. Lavater, *Essays on Physiognomy*, 3: 156.

78. 同上，3: 39.

79. Cesare Lombroso and Guglielmo Ferrero, *Criminal Woman, the Prostitute, and the Normal Woman*, trans. and with a new introduction by Mary Gibson and Nicole Hahn Rafter (Durham: Duke University Press, 2004), 183-184.

80. David G. Horn, *The Criminal Body and the Anatomy of Deviance* (London: Routledge, 2003), 16.

81. Chuck Palahniuk, *Invisible Monsters* (New York: Norton, 1999), 32.

82. 同上，45.

83. 同上，296-297.

84. Chuck Palahniuk, at <http://chuckpalaniuk. net/books/invisible-monsters>.

85. Palahniuk, *Invisible Monsters*, 31.

86. Joan Kron, "Michael Jackson's Dermatologist and Former Plastic Surgeon Talk," *Allure* (September 2009), at <http: //www. allure. com/celebrity-trends/2009/michael_jackson≠intro,>, last accessed July 22, 2011.

87. Sander L. Gilman, *Making the Body Beautiful Beautiful: A Cultural*

History of Aesthetic Surgery （Princeton, NJ: Princeton University Press, 1999）, 333.

88. Michael Jackson, at <http: //www. everythingoprah. com/2009/06/michael-jackson-interview-wth-oprah-winfrey-full-hour-at-the-neverland-ranch. html>.

89. Meredith Jones, *Skintight: An Anatomy of Cosmetic Surgery* （Oxford: Berg, 2008）, 161–164.

90. Michael Eric Dyson, "Black Superhero," *Rolling Stone*, special commemorative issue "Michel Jackson 1958–2009," July 2009, 73.

91. 参见纪录片《就是这样》（HBO, 2010）.

92. 博客记录，可参见<http: //www. awfulplasticsurgery. com/2009/06/27michael-jackson-the-plstic-surgery-years>.

93. 塔拉寄给伯纳德·维特根斯坦的电子邮件，时间为：2010 年 7 月 20 日。

94. 同上。

95. Jones, *Skintight: An Anatomy of Cosmetic Surgery*, 107.

96. Meredith Jones, "Makeover Culture's Dark Side: Breasts, Death and Lolo Ferarri," *Body & Society* 14. 1 （2008）: 87–102.

97. 琼斯称洛洛为女性主义者。

98. Nkrumah Shabazz Stewart, Kruma 的博客网页，参见 <http: //www. 8bm. com/? p=727>, 转引自 Jones, "Makeover Culture's Dark Side," 88.

99. 这一节的部分内容曾以"新的吸引性"为标题，出现在笔者与娜拉·鲁克共同撰写的论文："On Physiognomy, Reality Television, and the Cosmetic Gaze," *Body&Society*。此处指出以表对娜拉·鲁克的谢忱。

100. 兰·海森和雅科夫·特洛普就是一个例外。参见"Facing Faces: Studies on the Cognitive Aspects of Physiognomy," *Journal of Person-*

ality and Social Psychology 78 (2000): 837–852.

101. Michael R.Cunningham et al. , "Their Ideals of Beauty Are, on the Whole, the Same as Ours: Consistency and Variability in the Cross-Cultural Perception of Female Physical Attractiveness," *Journal of Personality and Social Psychology* 68 (1995): 261.

102. Karen K. Dion, E. Berscheid, and E. Walster, "What is Beautiful Is Good," *Journal of Personality and Social Psychology* 24 (1972): 285–290.

103. Randy Thornhill, " Darwinian Aesthetics," in *Handbook of Evolutionary Psychology*, ed. Charles B. Crawford and Dennis L. Krebs (Mahwah, NJ: Erlbaum, 1998), 543–572.

104. Victor S. Johnson,"Facial Beauty and Mate Choice Decisions," 2008, 未发表的文章。

105. Judith H. Langlois et al. ,"Maxims or Myths of Beauty? A Meta–analytic and Theoretical Review," *Psychological Bulletin* 126 (2000): 390.

106. Cunningham, "Their Ideals of Beauty Are, on the Whole, the Same as Ours," 261. 此处说的当红作家，其中指的有娜奥米·沃尔夫，参见 *The Beauty Myth: How Images of Beauty Are Used Against Women* (New York: Morrow, 1991).

107. Karl Grammar,"Darwin' she Ästhetik: Die evolutionspsychologischen Grundlagen der Schöenheit," in *Vorn Zauber des Schönen: Reiz, Begehren und Zerstörung*, ed. Konrad Paul Liessmann (Vienna: Paul Zsolnay Verlag, 2010), 215–231, 222.

108. Winfred Menninghaus, *Das Versprechen der Schöenheit* (Frankfurt: Surhkamp, 2003), 159.

109. Grammer, "Darwin' sche Ästhetik," 221.

110. 同上, 218.

111. Peter J. Brown and Melvin Konner, "An Anthropological Perspective on Obesity," *Annals of the New York Academy of Sciences* 449 (1987): 29-46, 42, quoted in Menninghaus, *Das Versprechen der Schöenheit*, 162.

112. Judith H. Langlois and Lori A. Roggman, "Attractive Faces Are Only Average," *Psychological Science* 1 (1990): 115-121.

113. Cunningham, "Their Ideals of Beauty," 263.

114. Johnston, "Facial Beauty and Mate Choice."

115. 同上。

116. Jonathan Van Meter, "The New New Face," in "About-Face," *New York Magazine*, August 3, 2008, 86.

117. 正如斯蒂芬·马夸特在他的网站上解释说:"'黄金比率'是1:1.618的数学比率，似乎重复出现在大自然中众多漂亮的事物之上，以及其他那些被人看作'漂亮'的事物之上……大自然中的很多事物都被发现它们中的部分也呈现出1:1.618的比率。"参见<http:∥wwwbeauty-analysis. com/index2_ mba. htm>.

118. 马夸特正努力研制一款全身的面具。

119. 对作者的采访，时间为2009年4月23日。

120. Tommer Leyvand, Daniel Cohen-Or, Gildeon Dror, and Dani Lischinski, "Data-Driven Enhancement of Facial Attractiveness," *ACM Transaction on Graphics* 27.3 (August 2008): 1.

121. 对斯蒂芬·马夸特的电话采访，时间为2009年6月10日。

122. Danto, *The Abuse of Beauty*, 68.

123. 同上，69.

124. 同上，70-71.

125. July Albright, "TV Viewing Habits," *Configurations* 15.1-2 (Special Issue "Reality Made Over: The Culture of Reality Makeover Shows,"

ed. Bernadette Wagenstein)(2008), 107.

126. Deborah L.Rhode, *The Beauty Bias: The Injustice of Appearance in Life and Law* (Oxford: Oxford University Press, 2010), 2.

127. Van Meter, "About Face," 28.

128. 对斯蒂芬·马夸特的电话采访，时间为2009年6月10日。

129. 对Awfulplasticsurgery. com网站的创建人塔拉的采访，时间为2010年6月3日。

130. 同上。

第三章

1. Xenophon, *Memorabilia*, 3. 10. 4 – 7, trans. H. G. Dakyns, online at <http://www. Classicreader. com/book/1792/27>, last accessed July 21, 2011.

2. Jay David Bolter, Blair Maclntyre, Michael Nitsche, and Kathryn Farley, "Liveness, Presence, and Performance in Contemporary Digital Media," in *Throughout: Art and Culture Emerging with Ubiquitous Computing*, ed. Ulrik Ekman (Cambridge: MIT Press, 2012).

3. Carsten Zelle, "Soul Semiology: On Lavater's Physiognomic Principles," in *The Faces of Physiognomy: Interdisciplinary Approaches to Johann Caspar Lavater*, ed. Ellis Shookman (Columbia, SC: Camden House, 1993), 52.

4. Lucy Hartley, *Physiognomy and the Meaning of Expression in Nineteenth-Century Culture* (Cambridge: Cambridge University Press, 2001), 3.

5. C. U. M. 史密斯认为，视觉思维原本是并曾经一直处于神经生物科学的核心。参见C. U. M. Smith, "Visual Thinking and Neuroscience," *Journal of the History of the Neurosciences* 17. 3 (July 2008): 260-273.

6. 可参考论述特拉维斯大学的图默·雷万研发的美化软件程序的一篇文章。参见Sarah Kershaw, "The Sum of Your Facial Parts," *New York*

Times, October 9, 2008, E1-E3.

7.《精神紊乱诊断与统计手册》（第4版）提供了下列身体异形紊乱症的精神病诊断标准："一、专注外貌上某些想象出来的缺陷。即使出现非常轻微的身体异常，病人也明显表现出一种过度关注。二、这些专注在临床上会引起显著压力或社会上、职业上或其他重要功能领域中的明显缺陷。三、这些专注不能很好地被其他精神失常行为所解释（比如，不满意身材、个头而造成的食欲匮乏）。"转引自 Katherine A. Phillips, *The Broken Mirror: Understanding and Treating Body Dysmorphic Disorder* (New York: Oxford University Press, 1996), 33.

8. Eric Wilson, "In a Light More Flattering," *New York Times*, August 13, 2009, E4.

9. Meredith Jones, *Skintight: An Anatomy of Cosmetic Surgery* (Oxford: Berg, 2008), 1.

10. Charles Miller, *The Correction of Featural Imperfections* (Chicago: Oak Printing, 1908), 3.

11. Elizabeth Haiken, *Venus Envy: A History of Cosmetic Surgery* (Baltimore: Johns Hopkins University Press, 1997), 94-95.

12. Cressida J. Heyes and Meredith Jones, "Cosmetic Surgery in the Age of Gender," in *Cosmetic Surgery: A Feminist Primer*, ed. Cressida J. Heyed and Meredith Jones (Surrey, UK: Ashgate, 2009), 5.

13. 参见网址<http://www.surgery.org/media/news-releases>。2008年，美容手术的总量超过1000万例，比往年下降了12%（外科术15%，非外科术12%），到2009年，数字又下降了两个百分点。安东尼·埃利奥特在他的著作《入围：美容外科术如何改变我们的生活》(*Making the Cut: How Cosmetic Surgery Is Transforming Our Lives*, London: Reaktion Books, 2008）中指出，"在美国，许多去看美容塑形外科医生的病人，都会去咨询其他机构的专家”（23），这意味着上述数字比实际人数要低一些。正如埃利奥特报告说，“在英国，每一年度到底有多少例美容手术被实施很难估计，原因在于英国的美容塑形外科医生协会发布的数字，并没有包括一些非侵入性的手术”。

14. 10 年来美容外科术增加了 457%：1997 年，吸脂术为 176863 例，到 2007 年，此类手术达 456828 例。同一时期，隆胸术增加了差不多 4 倍，而缩胸术则降低了 3 倍。在美国，非侵入性手术增加的百分比逐年增长。1997 年，肉毒杆菌素的注射有 65157 例，成了非侵入性外科术中实施最多的一项；2006 年，肉毒杆菌素的注射数为 3181592 例；2007 年，注射人数为 2775176 例。

15. Heyes and Jones,“Cosmetic Surgery in the Age of Gender,” 3.

16. 这些数据与美国目前的人口统计数据有所冲突。统计数据显示说，总数字为 298757310 的美国人中，74. 1% 为白人，12. 4% 为黑人，4. 3% 为亚裔，3. 5% 为西班牙裔。数据参考了从 2005 年到 2007 年美国社区调查连续 3 年的预估，参见 <http://factfinder2. census. gov/faces/nav/jsf/pages/index. xhtml>, last accessed July 22, 2011.

17. Elliott, *Making the Cut*, 7. 此处参考了《红秀》（*Grazia*）杂志 2005 年所做的调查，转引自 Decca Aitkenhead in “Most British Women Now Expect to Have Cosmetic Surgery in Their Lifetime,” *The Guardian*, September 14, 2005。埃利奥特还提到了亚洲尤其是中国，每年用于美容外科术的费用达 240 亿美金（27），成了包括侵入性和非侵入性美容整形外科术的一个新的蓬勃发展的市场。

18. Elliott, *Making the Cut*, 41.

19. 参见<http：/www. nbc. com/im-a-celebrity>.

20. Jay David Bolter and Diane Gromala , *Windows and Mirrors: Design, Digital Art, and the Myth of Transparency* (Cambridge: MIT Press,

2003), 83.

21. 在2009年6月1日播出的真人秀节目的第一集中，真人秀电视明星斯宾塞·普拉特（全球音乐电视台的节目《山丘》）责备退休的美国职业摔跤手托莉·威尔森，认为对方的“名气”配不上与自己同台亮相。

22. Chris Rojek, *Celebrity* (London: Reaktion Books, 2002), 20.

23. 阿兰·莱丁称这种现象为“名流学”（Celebrityology），指的是放空自我以便接纳“任一邻居认为酷毙了的个性形象”。参见 Alan Reading, “Entr' acte: The Lesson for Today Is: Study ‘Celebrityology,’ ” *International Herald Tribune*, September 29, 2005, 2.

24. Virginia L. Blum, “Objects of Love: I Want a Famous Face and the Illusions of Star Culture,” *Configurations* 15.1-2 (Special Issue “Reality Made Over: The Culture of Reality Makeover Shows,” ed. Bernadette Wegenstein) (2008): 33-53. 布拉姆的分析基于电视节目《我想要张明星脸》，2004年第2季第11集。

25. 参见网址<http://www.cindyjackson.com>。但是，这种外表看起来如一个明星的尝试，并不仅限于表面上的同质化。H&M商场的时尚系列和类似品牌已经证实，全球的年轻人无一不在外表上模仿帕里斯·希金顿、汉娜·蒙塔娜和尼克国际儿童频道的电视节目《爱卡莉》中的人物。

26. Elliott, *Making the Cut*, 43.

27. 经济繁荣时期，人们更有可能去做美容外科手术。

28. Alex Kuczynski, *Beauty Junkies: Inside our $15 Billion Obsession with Cosmetic Surgery* (New York: Doubleday, 2006), 196-198.

29. 参见克雷西达·赫斯关于身体异形紊乱症和美容外科术关系的讨论以及她将这一术语的问题化。参见 Cressida Heyes, “Diagnosing Cul-

ture: Body Dismorphic Disorder and Cosmetic Surgery," *Body & Society* 15.4 (2009): 73-93.

30. Kuczynski, *Beauty Junkies*, 196.

31. 根据社会研究中心的报告："研究表明，在18岁以上的妇女中，至少有80%的人对镜子里的自己不太满意……研究肯定了我们多数人已经知道的事实：大多数妇女看镜子时，不满意的地方主要聚焦于个人的身材和体型，尤其是她们的臀部、腰围和大腿等身体部位。"参见 Kate Fox, "Mirror, Mirror: A Summary of Research Findings on Body Image," <http://www. sirc. org/publik/mirror. html>.

32. Elliott, *Making the Cut*, 45.

33. 同上，46.

34. Dan Bilevsky, "If Plastic Surgery Won't Convince You, What Will?" *New York Times*, May 24, 2009, <http://www. nytime. com/2009/05/25/world/europe/25iht-nurses. html>.

35. Elliott, Making the Cut, 109. "理查德·戴利"是埃利奥特研究的一个人的化名。

36. 同上，111.

37. 参见纪录片 *Made Over in America: A Voyage to the Land of Makeover*, directed and produced by Bernadette Wegenstein and Geoffery Alan Rhodes, Icarusfilms, 2007.

38. Kathy Davis, *Reshaping the Female Body: The Dilemma of Cosmetic Surgery* (New York: Routledge, 1995), 79.

39. 对于苏珊来说，"法国人"和"意大利人"经常似乎可以与"好"和"美"进行互换。她将纽波特海滩周围的风景看作意大利风景，将这个地区的房子看作类似法国城堡。

40. Elain Tyler Meter, *Homeward Bound: American Families in the Cold*

War Era (New York: Basic Books, 1988).

41. Jonathan Van Meter, "The New New Face," *New York Magazine*, August 11, 2008, 87.

42. 同上。

43. Rebecca Gardyn, "The Tribe Has Spoken: Reality TV Is Here to Stay," *American Demographics*, September 2001, 34-40.

44. Mark Andrejevic, *Reality TV: the Works of Being Watched* (Oxford: Rowman & Littlefield, 2004), 7.

45. 《美国偶像》2009 年 5 月的终场，收看者平均达 2880 万人次，甚至节目的最后 7 分钟，还吸引了 4000 万观众。参见<http://tvbythenumbers. zap2it. com/2009/05/21/wednesday-ratings-american-idol-finale-surprise-draws-288-million/19222>, last accessed July 22,2011.

46. Chad Raphael, "The Political Economic Origins of Reali-TV," in *Reality TV: Remaking Television Culture*, ed. Susan Murray and Laurie Ouellette (New York: New York University Press, 2004), 119. 至于术语"Reali-TV"，拉斐尔指的是艾德·西艾格尔的文章，参见 Ed Siege, "It's Not Fiction. It's Not News. It's Not Reality. It's Reali-TV," *Boston Globe*, May 26, 1991, A1.

47. Flippo Tommaso Marinetti, *Teoria e invenzion futurista* (TIF), ed. Lucinao de Maria (Milan: Arnoldo Mondadori Editore, 1968)（笔者译自意大利文）。

48. 参见<http://softcinema. net>.

49. 美国第一家获得商业执照的电视台，创立于 20 世纪 40 年代晚期和 50 年代早期。

50. 可参见笔者对近年来的现实主义电影传统的讨论——包括北欧道格玛 95 电影，20 世纪 90 年代的美国黑人都市电影，罗马尼亚克里斯蒂·普优和克里斯蒂安·蒙吉的新浪潮电影以及最近的意大利新现实主义电影，如《格莫拉》（获 2008 年戛纳金棕榈奖）等。参见 Bernadette Wegenstein，"italien als zona grigia. Der italienischen Film des neuen Millenniums zeigt ein Land im Ausnahmezustand，" *Maske & Kothurn* 56 （2010）（Special issue "Das italienische Kino im neuen Millennium，" ed. *Birgit Wagner and Daniel Winkle*r），15-35.

51. 正如大卫·保德维尔指出，欧洲新现实主义电影传统被冠以"艺术电影"的标签，旨在对抗业已兴盛的好莱坞工作室电影产业。参见 David Bordwell，*Narration in the Fiction Film*（Madison：University of Wisconsin Press，1987），229-231.

52. Andrejevic，*Reality TV*，9.

53. Wegenstein and Rhodes，*Made Over in America.*

54. André Bazin，"The Myth of Total Cinema"（1946），reprinted in André Bazin，*What Is Cinema?*（Los Angeles：University of California Press，2005），17-23（第一版的时间为 1958 年）。

55. Sam Dilorio，"Total Cinema：*Chronique d' un été* and the End of Bazinian Film Theory，" *Screen* 48. 1（Spring 2007）：29.

56. 笔者在名为"影院效果：幻觉、现实和移动的意象"的一次展览中，看过让·鲍德里亚的录像，参见"The Cinema Effect：Illusion，Reality，and the Moving Image. Part II：Realism，" Hirshhorn Museum and Sculpture Garden，Washington，DC，June 19-September 7，2008.

57. Kristen Hileman，"Man and the Movie Camera，" in *The Cinema Effect：Illusion，Reality，and the Moving Image*，Exhibition Catalog（London：D. Giles，2008），104.

58. 让·鲍德里亚的讲座，参见"The Violence of the Image，" *European Graduate School*，September 1，2004，<http://www.youtube.com/watch? v=9QF-eThkBOg & feature=related>.

59. 正如鲍德里亚所指出，完美的犯罪从来都不“完美”。与我们从众多谋杀悬疑中了解到的一样，总有一些东西被抛下和忽略。正如鲍德里亚的陈述，就真实被谋杀来说，一张“地图”——真实域的一种虚拟抽象化——被抛下和忽略，而在这张“地图”上，真实的碎片在自由地飘浮。

60. 笔者在名为“影院效果：幻觉、现实和移动的意象”的展览中看过这样的装置。

61. Anne Ellegood,“Character Driven: Subjectivity and the Cinematic,” in *The Cinema Effect*, 127.

62. Mark Hansen, *Bodies in Code: Interfaces with Digital Media* (New York: Routledge, 2006), 8.

63. Brian Massumi, *Parables of the Virtual: Movement, Affect, and Sensation* (Durham, NC: Duke University Press, 2002), 27.

64. Meredith Jones, “Media-Bodies and Screen-Births: Cosmetic Surgery Reality Television,” *Continuum: Journal of Media&Cultural Studies* 22.4 (August 2008): 515-524.

65. 同上，520.

66. 同上，522.

67. Bazin, *What Is Cinema?*, 37.

68. Jean Baudrillard, “Disneyworld Company,” trans. F. Debris, *ctheory* (1996), 参见<http://ctheory.net/articles.aspx? id=158>.

69. Peter Fodro, <http://www.surgery.org/media/news-release>, last accessed July 22. 2011.

70. Andrejevic, *Reality TV*, 9.

71. Nielsen Media Research, 2004, provided by Jo La Verde.

72. 有 4 个焦点小组参与了调查。项目的开展时间从 2004 年至 2006

年，是和布法罗大学的社会学家迈克·法雷尔以及南加州大学的洛杉矶社会学家九莱·阿尔布莱特合作。笔者主持了这个调查，旨在为笔者和杰弗里·阿兰·罗德斯联合制作的纪录片《整容在美国：驶往整形新大陆》做好基础。要从社会学角度了解这项调查，可参见 July Albright, “Impossible Bodies: TV Viewing Habits, Body Image, and Plastic Surgery Attitudes among College Students in Los Angeles and Buffalo, New York,” *Configurations*, 15. 1 – 2 (Special Issue “Reality Made Over: The Culture of Reality Makeover Shows,” ed. Bernadette Wegenstein) (2008): 103–123.

73. Heyes, “Diagnosing Culture,” 77.

74. 布尔迪厄在他对运动的研究中指出，和许多其他社会实践一样，运动“是阶级间角力的对象”。参见 Pierre Bourdieu, “Sport and Social Class,” *Social Science Information* 17 (1978): 819–840.

75. Albright, “Impossible Bodies,” 120.

76. 采用基于田纳西自我概念量表（TSCS）的社会学研究量表，调查了这些焦点小组。在 2005 年 4 月对布法罗大学进行的调查中，有 200 名大学生被要求填写调查问卷，其中就有一项标准化的身体异形紊乱症的量表，不仅用来评估人们对自我身体某些方面不满意的程度（可参见 James C. Rosen and Jeff Reiter, *Body Dysmorphic Disorder Examination—Self Report* [BDDE-SR], 1995)，同时也与一个人的观看习惯和性别身份有所关联。

77. 第一季的节目可购买 DVD 版。参见 *The Swan*, *The Complete Series*, *First Season* (2004), DVD edition, gaLAnEntertainment 2006.

78. Nely Galán, interview for Wegenstein and Rhodes, *Made Over in America*.

79. 加兰讲道：“在我们的节目中，你离开时不会一无所有，而是从第一天起你就会带着价值 25 万美金的服务离开。”参见 Michael Green and

Michael A. Lipton, "The Swan Controversy: Has TV Plastic Surgery Gone Too Far?" *People Magazine*, June 7, 2004, 61.

80. 一定比例的身体异形障碍，对于满足我们和基钦斯基去观看电视上有问题的人的欲望，非常必要。但是，除第二季的节目里有两集是关于一个残疾人的故事外，几乎任何一个参赛选手在开始遇到时，根本觉察不到有任何"真的"问题。只有两集讲到了种族多元性。

81. 第二季里有两集主要讲述一个残疾妇女与一些种族多元性的问题。

82. Green and Lipton, "*The Swan* Controversy," 61.

83. Sanford Gifford, "Cosmetic Surgery and Personality Change: A Review and Some Clinical Observations," in *The Unfavorable Result in Plastic Surgery: Avoidance and Treatment*, ed. Robert Goldwyn (Boston: Little Brown, 1984), 21-43.

84. Virginia L. Blum, *Flesh Wounds: The Culture of Cosmetic Surgery* (Berkeley: University of California Press, 2003), 109.

85. Davis, *Reshaping the Female Body*, 161.

86. Susan Bordo, "Braveheart, Babe, and the Contemporary Body," in *Enhancing Human Traits: Ethical and Social Implications*, ed. Eric Parens (Georgetown: Georgetown University Press, 1998), 193.

87. 参见 Bordo, "Braveheart, Babe, and the Contemporary Body," 193; Cressida J. Heyes, *Self-Transformations: Foucault, Ethics, and Normalized Bodies* (Oxford: Oxford University Press, 2007), 93-97.

88. Heyes and Jones, "Cosmetic Surgery in the Age of Gender," 6.

89. Nely Galán, *The Swan Curriculum* (New York: Harper Collins, 2004), 9.

90. 同上。

91. Davis，*Reshaping the Female Body*，74.

92. 维根斯坦和罗德对辛迪·英格尔的采访之一，参见 Wegenstein and Rhodes，*Made Over in America*.

93. Davis，*Reshaping the Female Body*，76. 戴维斯也提到，那些欲望进行外科变化的人，通常一开始就会把所有的他们从不会改变的身体部位和他们愿意改变的身体部位，开列一个单子。在对布法罗大学的焦点小组的一次调查中（可参见注释第 73 条），艾米从她觉得自己很漂亮开始谈起，专门提到说有些身体部位她永远都不会去改变，但谈话结束时，她还是表示她希望改变自身的两处特征："我喜欢我的头发。我的头发很好。嗯。我的脸颊有点宽。要是再窄一点就好了［大笑］。我的眼睛嘛：我喜欢我的眼睛。我的蓝色大眼睛经常被人夸奖。眼睛我一点都不想改变。嗯，我的皮肤嘛，我愿意皮肤再好一点点。嗯，我的下巴，不是形状太好的那种下巴。"

94. 维根斯坦和罗德对肯·英格尔的采访之一，参见 Wegenstein and Rhodes，*Made Over in America*.

95. 正如苏格兰电视真人秀明星苏珊·波尔（《英国达人》）的例子表明，真人秀明星由于不习惯媒体的狂热，可能会患上严重的焦虑或抑郁症。参见<http://articles.latimes.com/2009/jun/02/entertainment/et-boyle-clinic2>. last accessed July 22，2011.

96. 除了鼻子外科术外，辛迪接受过一次"免费"眉毛提升术、一次面部中部提升术、脸颊脂肪取出术、眼袋去除术、隆唇术、吸脂术和下巴缩短术、一次光子嫩肤术、激光毛发去除术、胶原蛋白和激光眼部外科术、一次隆胸术、大腿内侧吸脂术、达 · 芬奇牙齿贴面以及腹部去脂术。进一步讨论辛迪与福克斯电视真人秀节目签约必须完成的各类"附加"手术，可参见第四章。

97. 维根斯坦和罗德对兰德尔·海沃斯的采访之一，参见 Wegenstein

and Rhodes, *Made Over in America*.

98. 辛迪的骨骼结构对于各种外科介入术，都较为理想。

99. 参见<http://www. drhaworth. com>.

100. 维根斯坦和罗德对兰德尔·海沃斯的采访之一，参见 Wegenstein and Rhodes, *Made Over in America*.

101. Blum, *Flesh Wounds*, 82.

102. Sander L. Gilman, *Making the Body Beautiful: A Cultural History of Aesthetic Surgery* (Princeton, NJ: Princeton University Press, 1999), 332.

103. 纪录片中没有用到的维根斯坦和罗德对辛迪和兰德尔·海沃斯的采访片段，参见 Wegenstein and Rhodes, *Made Over in America*.

104. 数据来自注释第 73 条中引用的采访，是布法罗大学和南加州大学联合，由迈克·法雷尔和九莱·阿尔布莱特合作进行的调查。

105. Carl Elliott, *Better Than Well: American Medicine Meets the American Dream* (New York: Norton, 2003), 3.

106. 同上，173.

107. Gilman, *Making the Body Beautiful*, 333. 转引自诗人威廉·巴特勒·叶芝的诗歌“一个年轻而又老迈的女人”。

108. Joanna Zylinska, “Of Swans and Ugly Ducklings: Bioethics between Humans Animals and Machines,” *Configurations*, 15. 1-2 (special issue “Reality Made Over: The Culture of Reality Makeover Shows,” ed. Bernadette Wegenstein) (2008): 137.

109. 同上，137；可参见 Joanna Zylinska, *Bioethics in the Age of New Media* (Cambridge: MIT Press, 2009), particularly the chapter “Of Swans and Ugly Ducklings: Imaging Perfection in Makeover Culture,” 101–125.

110. Zylinska, “Of Swans and Ugly Ducklings,” 133.

111. Giorgio Agamben, *Homo Sacer: Sovereign Power and Bare Life*

(Standford: Standford University Press, 1998).

112. 这些都是“正常”人而非罪犯的图像。

113. 克里斯·所罗门、E-FIT软件工程师和笔者之间的电子邮件交流。

114. Gilbert Simondon，转引和翻译自 Ekman，*Throughout*，22.

115. Seth Schiesel，“Finding Escapism in the Minutiae of Daily Life,” New York Times，June 2，2009，C1.

116. Adrian Mackenzie，转引自同上，25.

117. 克里斯·所罗门、E-FIT软件工程师和笔者之间的电子邮件交流。

118. Charles Paulk，“Signifying Play: The Sims and the Sociology of Interior Design,” *International Journal of Computer Game Research* 6.1 (December 2006)，<http://gamestudies.org/0601/articles/paulk>.

119. Celia Pearce，“Sims，BattleBots，Celluar Automata God and Go: A Conversation with Will Wright,”*International Journal of Computer Game Research* 2.1 (July 2002)，<http://gamestudies.org/0102/pearce>.

120. Cathy，转引自 Wegenstein and Rhodes，*Made Over in America*.

121. 比如，用于这些眼睛的选择，包括眼睛的大小、高度、旋转度、眼距、眼眶高度和眼睛深度。

122. 参见 Bernadette Wegenstein，*Getting under the Skin: Body and Media Theory* (Cambridge: MIT Press，2006). 这一点和我在《深入皮肤》的研究是一致的——数字时代，人的内在和外貌、天生和化妆的边界，已被模糊。

123. Charles Paulk，*Signifying Play: The Sims and the Sociology of Interior Design*，<http://www. gamestudies.org/0601/articles/paulk>.

124. 同上。

125. Ben Bell, <http://www. pcworld. com/article/165526/countdown_to_the_sims_3_a_chat_with_executive_producer_ben_bell. html>.

126. 同上。

127. 同上。

128. 同上。

129. 笔者和奥莉薇亚·W 的一次录像访谈，时间为 2009 年 6 月 8 日。

130. 同上。

131. 可参见 G. Alan Rhodes, "Future Cinema and Self-ploitation," <http://garhodes. com/writing. html>.

132. Rhodes, "Future Cinema and Self-ploitation." 可参见 Ken Hillis, *Online a Lot of the Time: Ritual, Fetish, Sign* (Durham, NC: Duke University Press, 2009)，尤其是第五章，专门针对那些"利用网络摄像技术，基于常规基础并在相当一段时期内，直播他们自己的形象和他们即时的个人家庭环境"的酷儿或同性恋先锋（203）。

133. 参见<http://www. ishotmyself. com/public/general. php? p=about>.

134. Rhodes, "Future Cinema and Self-ploitation."

135. Slavoj Žižek, *Looking Awry: An Introduction to Jaques Lacan through Popular Culture* (Cambridge: MIT Press, 1992).

136. Rhodes, "Future Cinema and Self-ploitation," 未发表的期刊，P8.

137. Lev Manovich, "Spatial Computerisation and Film Language," in *New Screen Media: Cineam, Art, Narrative*, ed. Martin Rieser and Andrea Zapp (London: British Film Institute, 2002), 64-65. 在这篇文章的分析中，曼诺维奇参考了第一批实验性文献的其中一篇，参见 *A Man with a Movie Camera* (Dziga Vertov, 1929).

138. Manovich, "Spatial Computerisation and Film Language," 66.

139. Jean Baudrillard, *Plastic Surgery for the Other*, November 22, 1995,

<http://www.egs.edu/faculty/jean-beaudrillard/articles/plastic-surgery-for-the-other>, last accessed July 22, 2011.

140. Brenda Weber, " Beauty, Desire, and Anxiety: The Economy of Samenes in ABC ' s Extreme Makeover," *Gender* 41 (2005), < http://www.genders.org/g41/g41_weber.html>.

第四章

1. Elizabeth, C. Mansfield, *Too Beautiful to Picture: Zeuxis, Myth, and Mimesis* (Mineapolis: University of Minnesota Press, 2007), 20.

2. 此处笔者调整了观点，与玛格丽特·希尔德里克提出的“后现代女性主义”一致。她指出，“女性主义者议程必须往前推进，而不仅仅是为了我们的目标而挪用文化；必须挑战那些表现在母性本能观念中对生物决定论的呼吁，以此解构女性和自然的内在联系”。参见 Margrit Shildrick, *Leaky Bodies and Boundaries: Feminism, Postmodernism, and (Bio) ethics* (London: Routledge, 1997), 195.

3. 正如薇薇安·索布恰克指出，芭芭拉·史翠珊在她自己真实生活中的整容“态度调整”上，并没有遵循这条道路。参见 Vivian Sobchak, *Carnal Thoughts* (Berkeley: University of California Press, 2004), 51.

4. *Il volto el' anima. Interviste a Kim Ki-duk e lee II-ho*, ed. Umberto Galimberti and Alberto Pezzotta (Milano: Feltrinelli Le Nuvole, 2007), 66.

5. 这两个观点在雅克·拉康的一系列文章中都有所发展，参见 *The Seminar of Jacques Lacan, On Feminine Sexuality, The Limits of Love and Knowledge*, book 20, *Encore* 1972—1973, Trans. Bruce Fink (New York: Norton, 1998). 也可参见 Joan Copjec, *Imagine There's No Woman: Ethics and Sublimation* (Cambridge: MIT Press, 2002).

6. Joël Dor, "The Distinction between Symtoms and Structural Traits: Il-

lustration in a Case of Hysteria," *Structure and Perversions* (New York: Other Press, 2001), 23-44.

7. 同上，30.

8. 同上，34.

9. 同上，38.

10. 迷恋车祸造成的肉体伤口这一领域，曾在 J. G. 白乐德的小说《撞车》（1973）中有所叙述，并在大卫·柯南伯格 1996 年的电影版中得到视觉呈现。肢解的想法能引起一种性快感，这可在如 http://www.ampulove.com 等网站上看到。

11. 参见 E. Ann Kaplan, *Women and Film: Both Sides of the Camera* (New York: Methuen, 1983).

12. 参见 Teresa de Lauretis, *Technologies of Gender* (Bloomington: Indiana University Press, 1987).

13. Anneke Smelik, *And the Mirror Cracked: Feminist Cinema and Film Theory* (New York: St. Martin's Press, 1998), 17.

14. Jacqueline Rose, *Sexuality in the Field of Vision* (London: Verso, 1986), 28.

15. 只有电影版讲出了弗兰妮的真实名姓：弗朗西斯·艾弗里。

16. Susanna Moore, *In the Cut* (New York: Penguin Books, 1999), 19.

17. 同上，63，98.

18. 同上，174.

19. 同上，178-179.

20. 简·坎皮恩在对这部电影的 2004 年 DVD 版之导演评论中，解释过这种镜头的使用。她还强调，这种镜头经常在广告中使用。

21. Andy Klein, "Something about Frannie: Meg Ryan Finesses Her Vague Character in Jane Campion's Unimpressive 'In the Cut' "，洛杉矶城

市节拍网站上之前的一个帖子，现在已看不到了。

22. 这种名字改变的原因，显然有阶级和种族的因素在内。乔万尼·马龙的名字至少看出有部分的意大利血统。导演在电影的导演评论中指出："马龙对弗兰妮的吸引力在于马龙是他自己。但也有阶级的因素在内。"

23. 模糊的主要原因之一是，马龙和真正的凶犯身上的文身一模一样。

24. 小说采用不同的方式来处理这类叙事时刻。小说很早就指出，弗兰妮以为马龙就是凶犯。她对他说，"我想知道你到底对她做了什么"（Moore, *In the Cut*, 152）。马龙，并未为自己辩护，相反却完全不知就里地自说自话："她一定一直在挪动。"（152）

25. 尽管影片《切肤》似乎缺少这样一个神话，并一直在试图反心理主义，但影片叙述并没有摒弃神话。熟悉现代神话的观众，能将可能的童年创伤或重要事件都归于埃斯特自残的原因。

26. 小说中，摩尔暗示了日内瓦事件和弗兰妮生活中其他令人绝望的事件的联系，包括她对马龙最近的失望："我对过去种种让我不愉快的事，感到羞耻。我感到不安，因为他向我撒谎他和妻子不合，转眼却和妻子一起去度假。耶鲁大学不允许我使用 C. K. 惠特尼的信件。父亲把我忘在了日内瓦。"参见 Moore, *In the Cut*, 152.

27. 参见坎皮恩在影片《裸体切割》的 DVD 版中的评论。

28. 歌曲《世事难料》的最初版本，是由杰伦·利文斯顿和雷·伊文思填词，专门写给希区柯克的电影《擒凶记》中多丽丝·戴出演的人物乔。电影中，乔将这首歌唱给她被绑匪绑架的儿子汉克，目的是让儿子知道她也在同一栋房子中。很多电影采用了这首歌的不同版本，比如西德·史德劳在麦克·勒曼 1989 年对美国高中生活的戏仿电影《希德姐妹帮》中就有翻唱。

29. Moore, *In the Cut*, 127.

30. 对身体艺术史的深入分析，可参见笔者文章："If You Won't SHOOT Me, at least DELETE Me! Performance Art from 1960s Wounds to 1990s Extensions," in *Data Made Flesh: Embodying Information*, ed. Robert Mitchell and Philip Thurtle (London: Routledge, 2004).

31. *Nackt & Mobil: Elke Krystufek*, 自 2003 年 2 月 12 日至 4 月 27 日的展览会上发布的目录（Klosterneuburg: Sammlung Essl, 2003), 102.

32. Peter Gorsen, "I Am Your Mirror: The Construction of Self-Portrait," 同上, 63.

33. 同上, 62.

34. Ele Krystufek, Interview with author, May 3, 2008.

35. William Egginton, *How the World Became a Stage: Presence, Theatricality, and the Question of Modernity* (Albany: SUNY Press, 2003), 25-26.

36. Lisa Dickson, "Hook and Eye: Violence and the Captive Gaze," *Camera Obscura* 56 (2004): 75-103.

37. 同上, 78.

38. 同上, 78.

结 语

1. Meredith Jones, *Skintight: An Anatomy of Cosmetic Surgery* (Oxford: Berg, 2008), 12.

2. "关怀自身"，指的是米歇尔·福柯的著作《性史》中的第 3 卷《关怀自身》的副标题。

3. 在最近一些好莱坞的戏剧中，比如《黑天鹅》（2010），美妆的凝视就将自身展示为解构性，但在用于男性的凝视和我们享受娜塔莉·波特曼的躯体形象障碍时，情况的确是这样。

索 引

Note: Page numbers appearing in *italics* indicate illustrations.